情商的高度决定女人一生的幸福和命运

做一个高情商的女子

富强 编著

吉林文史出版社
JILIN WENSHI CHUBANSHE

图书在版编目（CIP）数据

做一个高情商的女子 / 富强编著 . -- 长春：吉林
文史出版社，2018.10（2021.12 重印）

ISBN 978-7-5472-5521-6

Ⅰ. ①做… Ⅱ. ①富… Ⅲ. ①女性—情商—通俗读物
Ⅳ. ①B842.6-49

中国版本图书馆 CIP 数据核字（2018）第 234209 号

做一个高情商的女子

出 版 人	张　强
编　　著	富　强
责任编辑	陈春燕
封面设计	韩立强
图片提供	摄图网
出版发行	吉林文史出版社有限责任公司
地　　址	长春市净月区福祉大路5788号出版大厦
印　　刷	天津海德伟业印务有限公司
开　　本	880mm×1230mm　1/32
印　　张	6
字　　数	118千
版　　次	2018年10月第1版
版　　次	2021年12月第3次印刷
书　　号	978-7-5472-5521-6
定　　价	32.00元

前言

　　很多女人常常感到自己工作压力大，和领导、同事容易有分歧，回家后常和家人吵架，孩子不听话，丈夫喜欢当好人，生活看似平静而正常，但是没有让自己喜欢的生活方式……这是为什么？女人们常常怀疑自己：我到底哪里做的不够？我的人生到底出现了什么问题？也许你的学习能力很好，也许你的智商很高，但这些并不能保证你一定能掌控人生。

　　智商虽然是女人成功的重要因素，但是影响女人一生更多的还是情商。情商就是我们经常说的理性、明理，主要是指对信心、恒心、毅力、忍耐、直觉、抗挫力、合作精神的反应程度，是理解、控制、运用表达自己以及他人情绪的一种能力。

　　我们每个人，一生必须要学会的不外乎两件事：一件是做人，一件是做事。所谓"三分做事，七分做人"，做事的三分就是所谓的智商，而做人的七分则是情商，人与人最大的潜在差异就是情商的差异。智商是基础，情商是升华，情商高的女人大多都有一个相对较高的智商基础，但智商高的女人未必都有一个高水平的情商，女人越往高阶层走，情商的作用就越是显而易见。

一个具有良好情商的女人可以影响周围人的情感，令人心情愉快、身心健康，令自己的发展通畅发达。高情商的女人能够做自己情绪的主人，她外表柔弱，内心却不脆弱；她意志坚强，言行却不逞强。她懂得如何让自己在琐碎的生活中寻找快乐，如何在繁冗的社会中坚守自我；她懂得如何让自己在人际交往中游刃有余，如何在职场竞争中脱颖而出，她懂得如何让自己在不幸和挫折面前保持坚强，如何在突发事件到来时沉着应对……高情商的女人是如此，她会在忙碌的日子里偷得浮生半日闲以享受生活，也会在闲暇的日子里积极学习以寻求更大的突破。

　　生活中，那些受人欢迎、幸福指数高的女人深知：会说话的女人受欢迎，会办事的女人最出众。一个女人，不管多能干，多聪明，背景条件多好，情商高永远都是必须的。那些拥有高情商的女人，可以更好地发挥自己的智慧和潜能，更懂得如何抓住机遇，进而获得成功，在工作和生活中如鱼得水、顺风顺水。

　　对任何女人而言，成功并非命中注定。成功的女人之所以能成功，除了不懈努力之外，高情商是最关键的成功要诀。

目 录
CONTENTS

第七章　心向美好，且有力量

第一章

女人有情商比有智商更重要

ZUO YIGE
GAOQINGSHANG
DE NVZI

"安稳"不是女孩最好的归宿

平凡的女人，之所以一生无大的成就，是因为她一直在追求一种安全平稳的生活，一旦得到，便想固守不求进取了。这样，她一生只会机械地工作，挣来维持温饱的薪金，然后静待死神的光临。

眷恋安稳的女人在开始做一件事情之前，总是会做过多的准备工作。她们认为每一项计划和行动都需要完美的准备。她们只在自己熟悉的领域搭建一个舒适的温室，将"在家靠父母，出门靠朋友"这句话彻底执行。她们不敢向陌生的领域踏出一步，对生活中不时出现的那些困难，更是不敢主动发起"进攻"，只是一躲再躲。她们认为，保持自己熟悉的现状就好，对于那些新鲜事物，还是躲远点儿，否则，就有可能被撞得头破血流。安稳是一个陷阱，让她们丧失了斗志和激情，她们不敢打破现有的生活方式，不敢寻求新的改变，结果在懒散之中松弛了自己的皮肤和精神。

西方有句名言："一个人的思想决定一个人的命运。"做任何事都寻求安全感，不敢挑战冒险，是对自己潜能的否定，只能使自己的潜能不断地缩小。与此同时，安全感会使你的天赋被削弱，就像疾病让人体的机能萎缩、退化一般。

如果女人能够突破"安稳"这一关，尤其在二十几岁的最佳年龄开始奋斗，就可能会有很大的改观。

香奈儿这个名字是一个传奇，她从来就不是一个安于本分的人。她的名字后来成为西方女性解放与自然魅力的代名词。香奈儿年轻时是巴黎一家咖啡厅的卖唱女，她经历过一次失败的情感——18岁时当了花花公子博伊的情妇。但她没有就此沉沦下去，而是借助博伊的资金开了三家时装店，使她的服装进入巴黎的上流社会。

对于浮夸与矫情的上流社会，香奈儿的礼服是玛戈皇后装的翻版。香奈儿和她的服装充满了怪异，但也充满了致命的吸引力。有一次，她的长发不小心被烧去几绺，她索性拿起剪刀把长发剪成了超短发。在她走进巴黎舞剧院之后的第二天，巴黎贵妇们纷纷找到理发师给她们剪"香奈儿发型"。无论是香奈儿的香水还是香奈儿的服装，真正的魅力在它们的创造者身上。

30岁以后的香奈儿还清了欠博伊的钱，她独立了。从1930年一直到去世，她都独自住在巴黎利兹饭店的顶楼上，她是世界上最著名的服装设计师之一。

每天晚上睡觉的时候，她唯一需要确定的是，那把心爱的剪刀是否放在床头柜上。她说："上帝知道我渴望爱情，如果非要我选择，我选择时装。"

香奈儿给女人们的忠告是："也许我会令你感到惊讶，但归根结底，我认为一个女人若想要快乐，最好不要遵从陈腐的道德。做出这种选择的女人具有英雄的勇气，虽然付出孤独的代价，但孤独能帮助女人们找到自我。我爱过的两个男人从来不了解我。他们很有钱，却不曾了解女人也想做些事。忙碌起来能使你的分量加重。我很快乐，但几乎没人知道这一点。"

在她最后的日子里，她说："由种种事情来看，我的一生完全正确，我没有丈夫、孩子，但我有一堆财富。"

不安于室给了香奈儿成功的灵感和动机，让香奈儿走出了"安稳"的牢笼，创造了一个经典的品牌。每一个女人，不管你的外表是美还是丑，也不管你的心智是聪明还是愚笨，都要凭着自己的努力去过自己想要的生活，而不要被"安稳"的陷阱温柔地杀死。多一些冒险精神，做一个独立的个体，经济独立、事业有成，这样的女人永远自信快乐。

没有意见，不代表没有主见

女孩跟同学一起出去，同学问她："你想吃什么？"

"什么都可以。"

"咱们吃了饭去逛街吧。"同学提议。

"好的，我没意见。"女孩回答。

"你有什么买的吗？"

"目前还没有，到时候再看吧。"

女孩的回答，让同学有些扫兴。在同学的眼里，她是一个没有主见的人，做什么事情都没有自己的主意。其实，女孩只不过是没有发表自己的意见，并不是没有自己的主见。因为在女孩心里，像买衣服吃饭这一类的事情，并没有必要较真。对于人生中的大事，女孩就不会犹豫了。

许多女孩都与故事中的女孩一样，一旦做了决定，即使身边的人再怎么反对，都不会动摇她们的信念；不管自己的选择将面临怎样的困难，她们都不会放弃。

许多年前，一个妙龄少女来到酒店当服务员。这是她的第一份工作，因此她很激动，暗下决心：一定要好好干。但她没想到，上司竟安排她洗厕所。

这时，她面临着人生的一大抉择：是继续干下去，还是另谋职业？如果自己做第一份工作就打退堂鼓，那么以后遇到更大的问题怎么办？她不甘心就这样败下阵来，因为她曾下过决心：人生第一步一定要走好，马虎不得！

这时，同单位一位前辈及时出现在她面前，他帮她摆脱了困惑、苦恼，帮她迈好了这人生第一步，更重要的是帮她认清了人生路应该如何走。他并没有用空洞理论去说教，而是亲自做给她看。

首先，他一遍遍地刷洗着马桶，直到洗得光洁如新；然后，他从马桶里盛了一杯水，一饮而尽，毫不勉强。实际行动胜过万语千言，他不用一言一语就告诉了少女一个极为朴素、极为简单的真理：光洁如新，要点在于"新"，新则不脏，因为不会有人认为新马桶脏，也因为马桶中的水是不脏的，是可以喝的；反过来讲，只有马桶中的水达到可以喝的洁净程度，才算是把马桶刷洗得"光洁如新"了。

看到这一切，她痛下决心："就算一生洗厕所，也要做一名洗厕所最出色的人！"

从此，她成为一个全新的、振奋的人，她的工作质量也达到了那位前辈的高水平，当然她也多次喝过马桶水——为了检验自己的自信心，为了证实自己的工作质量，也为了强化自己的敬业心。

大多数成功的女人都是有主见的，她们不会因为周围的人说什么就动摇自己的信念，更不会因为别人说"不"就停止自己前行的脚步。

想要什么，就要自己去争取

罗马纳·巴纽埃洛斯是一位年轻的墨西哥姑娘，16岁就结婚了。在两年当中她生了两个儿子，之后丈夫离家出走，罗马纳只好独自支撑家庭。但是，她决心谋求一种令她自己及两个儿子感到体面和自豪的生活。

她带着一块普通披巾包起全部财产，跨过里奥兰德河，在得克萨斯州的埃尔帕索安顿下来。她在一家洗衣店工作，一天仅赚一美元，但她从没忘记自己的梦想，她要摆脱贫困过上受人尊敬的生活。于是，口袋里只有7美元的她，带着两个儿子乘公共汽车来到洛杉矶寻求更好的发展。

她开始做洗碗的工作，后来找到什么活就做什么。拼命攒钱直到存了400美元后，便和她的姨母共同买下一家拥有一台烙饼机及一台烙小玉米饼机的店。

她与姨母共同制作的玉米饼非常成功，后来还开了几家分店。直到最后，姨母感觉到工作太辛苦了，便把股份卖给了她。

不久，她经营的小玉米饼店成为美国最大的墨西哥食品批发商，拥有员工300多人。在她和两个儿子经济上有了保障之后，这位勇敢的年轻妇女便将精力转移到提高美籍墨西哥同胞的地位上。

"我们需要自己的银行。"她想。后来她便和许多朋友在东洛杉矶创建了"泛美国民银行"。这家银行主要是为美籍墨西哥人所居住的社区服务。如今，银行资产已增长到2200多万美元，这位年轻妇女的成功确实得之不易。

起初，抱有消极思想的专家们告诉她："不要做这种事。"

他们说："美籍墨西哥人不能创办自己的银行，你们没有资格创办一家银行，同时永远不会成功。"

"我行，而且一定要成功。"她平静地回答。结果她梦想成真了。

她与伙伴们在一个小拖车里创办起他们的银行。可是，到社区销售股票时却遇到另外一个麻烦，因为人们对他们毫无信心，她向人们兜售股票时遭到拒绝。

他们问道："你怎么可能办得起银行呢？我们已经努力了十几年，总是失败，你知道吗？墨西哥人不是银行家呀！"

但是，她始终不愿放弃自己的梦想，始终努力不懈。如今，这家银行取得伟大成功的故事在东洛杉矶已经传为佳话。后来她的签名出现在无数的美国货币上，她由此成为美国第三十四任财政部长。

通过上面这个故事，我们可以看出，在女人成就梦想的路上，总是会遇到很多的困难，也经常会有人提出异议。可是，只要我们勇敢地喊出自己的目标，并且拿出勇气应对一切困难和挫折，那么我们就能摆脱一切困难，实现自己的目标。

当然，社会的发展还没能让我们摆脱"淑女"的枷锁，女人像男人一样在社会上打拼，也常常会得到身边人的不解。但是，周围的一切不过是社会给予女人的"精神监牢"，只有勇敢地打破它，女人才能获得自由和快乐。

特立独行的你最美

上天赐予我们每个人最珍贵的礼物就是独一无二的脸孔和个性。世界上所有珍贵的东西，都是不可仿制也无须仿制的。

成功女性往往都具有独特的个性，无论是着装打扮、言谈举止，还是思维方式、处世风格，都与众不同。正是因为有了这许许多多的"不同"，才孕育出了她们不同凡响的成功。因此，每个想要成功的女性，都应该坚守自己的个性，保持自己的本色。

"保持本色的问题，像历史一样的古老，"詹姆斯·高登·季尔基博士说，"也像人生一样普遍。"不愿意保持本色，是很多精神和心理问题的潜在原因。安吉罗·帕屈在幼儿教育方面，曾写过13本书和数以千计的文章，他说："没有比那些想做其他人和除他自己以外其他东西的人更痛苦的了。"在个人成功的经验之中，保持自我的本色及以自身的创造性去赢得一个新天地，是有意义的。你和我都有这样的能力，所以我们不应再浪费任何一秒钟，去忧虑我们不是其他人这一点。

你是独一无二的，你应该为这一点而庆幸，应该尽量利用大自然所赋予你的一切。说到底，所有的艺术都带着一些自传色彩，你只能唱你自己的歌，你只能画你自己的画，你只能做一个由你的经验、你的环境和你的家庭所造成的你。不论情况怎样，你都是在创造一个自己的小花园；不论情况怎样，你都得在生命的交响乐中，演奏你自己的小乐器；不论情况怎样，你都要在生命的沙漠上数清自己已走过的脚印。

玛丽·玛格丽特·麦克布蕾刚刚进入广播界的时候，想做一个爱尔兰喜剧演员，结果失败了。后来她发挥了自己的长处，做一个从密苏里州来的、很平凡的乡下女人，结果成为纽约最受欢迎的广播明星。

著名世界影星索菲亚·罗兰第一次踏入电影圈试镜时，摄影师抱怨她那异乎寻常的容貌，认为她的颧骨、鼻子太突出，嘴也太大，应当先去整容一下再试镜。她却说："我不打算削平颧骨、换个鼻子和嘴巴，尽管你们摄影师不喜欢灯光照在我脸上的样子。要解决这个问题，不是我去整容，而是你们要好好琢磨琢磨应当怎样给我拍照。我认为，如果我看上去与众不同，这是件好事。我的脸长得不漂亮，但长得很有特色。"这就是自信自爱、特立独行。

在每一个女人的成长过程中，她一定会在某个时候发现，羡慕是无知的，模仿也就意味着自杀。不论好坏，你都必须保持本色。个性是一笔财富，一个可爱的个性，会让你一辈子受益无穷。

"尺有所短，寸有所长"，各人有各人的优势和长处，没有必要拿自己和她去对照，更没有必要通过自己的有意对比给自己造成某种压力。

个性就是特点，特点就是力量，力量就是美。

外表要温顺，内心要强大

美国前总统老布什的妻子芭芭拉是一位很坚强的女性，面对家庭诸事，她总能沉着应对。她患有甲状腺炎，布什也有心脏病，女儿多罗蒂离婚、儿子尼尔职位被解除，特别是1953年女儿罗宾死于白血病，但这一切都没有压倒布什夫人，她总是竭尽全力保护他们。有一次，布什出席一个宴会时突然晕倒，在场人员不知所措，芭芭拉却当机立断，打电话叫急救车，亲自送丈夫去医院。

坚强，是每一个成功人士必备的品质之一。《易经》曰："天行健，君子以自强不息。"也许有时候，我们无奈于生命的长度，但是坚强能够让我们选择生命的宽度与厚度。在这个世界上，我们会遇到赏罚不公，会遇到就业压力，会遇到竞争，会遇到病魔，会遇到……但是，女人可以运用自己手中坚强的画笔，为自己在逆境中描绘一片属于自己的蓝天，为自己绘出红花绿草，清风习习。

2004年3月8日晚上，中央电视台《半边天》节目对6位女性做了访谈。

第一位是一个阿姨辈的女人——王自萍，54岁。但是她的状态，也可以说是心态，丝毫不亚于年轻人，甚至强过年轻人。她的乐观、自信、热情，瞬时感染了现场及电视机前的观众，也让人们羡慕不已。她是退休后，以不惑之年闯北京的，在这之前，她坚决地结束了一段不幸的婚姻。到了北京，种种努力自不必说，她终于做到了一家会计事务所的经理，通过了三项非常困难的资格认证考试。工作之余，她有着同样精彩的业余生活，她的幸福是每个人都可以感受到的，我们从她风趣的话语中知道了幸福的来源——坚强。

还有一个残疾姑娘，她身上所拥有的自信同样让她光彩照人。她来自石家庄，尽管残疾，但偏偏是个不服输的人。为了做一名职业歌手，她坐着轮椅跑到了北京，要实现自己的梦想。

设想一个四肢健全的人要到北京生活，都有那么多的艰难，何况她一个残疾人。她有一千个不会成功的理由，但就有一千零一个成功的理由给予了她成功。她现在是一名签约歌手。这一千零一个理由便是永不放弃，坚强。主持人问：“上帝为什么要给你一个这样的命运？”她说命运只是要她活得更艰难一点。她在地铁站中的歌声嘹亮而高亢，远远地听去，就像是对命运的宣战。坚强是她的武器，任何困难都不能逃过她的冲击。

她是云南昆明一家饭店的老板，手下有200余名员工，有2000多平方米的大楼。主持人关于她身家的渲染并没有引来多少人的羡慕，大家的心情很快被她的叙述所吸引。她有一个不幸的童年，险些被母亲以400元的价钱送人，从此她与母亲断绝了关系。这之后便是如何努力、如何奋斗，才有了今天的成就。在她身上，所洋溢的依然是"坚强"二字。

人生不可能一帆风顺，所以自从你有自我意识的那一刻起，你就要有一个明确的认识，那就是人的一辈子必定有风有浪，绝对不可能日日是好日、年年是好年。当你遇到挫折时，不要觉得惊讶和沮丧，反而应该视为当然，然后冷静地看待它、解决它。

少了坚强做伴的女人，或是唯唯诺诺，没有自我；或是哀哀怨怨，陷在一件可小可大的事里，挣扎在一段越理越乱的感情里不能自拔。只有坚强的女人，为了坚强而追求着坚强，从不停下脚步，坚强于她只是一种习惯。

面对挫折或者失败，女人更需要的是从失败中站起来，微笑着面对风霜的袭击，用宽阔的胸怀去拥抱挫折。女人用怀抱守护心灵的沃土，懦弱才不会乘虚而入，灵魂才会在美好的港湾停泊、歇息。

学会说"不"，没主见的女人往往没自尊

在与人交往的过程中，我们经常会遇到很多自己不愿意做的事。这时，只要我们轻易地说出一个"不"字，也许就能轻松、坦然了，但有些人就感觉这个"不"一字千金，憋足了劲也说不出口，结果苦了自己，也苦了别人。所以，该说"不"时，我们

要毫不犹豫、斩钉截铁地说"不"。

身边常有这样的女人，一味地照顾别人的感受，凡事都习惯于说"Yes"的女人，经常给别人面子，认为那是一种对别人的尊重。然而，她们没有意识到，自己这样做却没有得到别人的尊重。聪明的女人应该学会如何果断而尊重地拒绝。

米勒刚参加工作不久，姑妈来到这座城市看她。米勒陪着姑妈把这座小城转了转，就到了吃饭的时间。

米勒身上只有50元钱，这已是她所能拿出来招待姑妈的全部资金，她很想找个小餐馆随便吃一点，可姑妈却偏偏相中了一家很体面的餐厅。米勒没办法，只得硬着头皮随她走了进去。

两人坐下来后，姑妈开始点菜，当她征询米勒意见时，米勒只是含混地说："随便，随便。"此时，她的心里七上八下，衣袋中仅有的50元钱显然是不够的，怎么办？

可是姑妈一点儿也没注意到米勒的不安，她不停地夸赞着可口的饭菜，米勒却什么味道都没吃出来。

最后的时刻终于来了，彬彬有礼的侍者拿来了账单，径直向米勒走来，米勒张开嘴，却什么也没说出来。

姑妈温和地笑了，她拿过账单，把钱给了侍者，然后盯着米勒说："米勒，我知道你的感觉，我一直在等你说不，可你为什么不说呢？要知道，有些时候一定要勇敢坚决地把这个字说出来，这是最好的选择。我来这里，就是想让你知道这个道理。"

有人认为受人请托，倘若拒绝，面子上过不去，若不拒绝又实在无能为力。如此一来，只好勉强答应，结果发生后悔的情形就相当常见了。

事实上，那些顾于面子不敢说"不"的人其实是自己意志不坚的表现。他们通常认为断然拒绝对方的请求未免显得太过无情，而若是在答应后方觉不妥，且又力不从心难以履行诺言时，再改变心意拒绝对方，显然已经太迟。因为，等无法做到允诺的事情，再提出拒绝，给人的印象更糟，甚至需要付出相当的代价去弥补缺失或兑现承诺。如果这件事只限于个人的烦恼，还称得上不幸中的大幸，就像米勒那样，姑妈只是想考验她、教育她。若是换成朋友真想让米勒请客，那就会发生不愉快的情形，甚至产生怨恨、敌视，演变成双方人际关系上的对立与冲突，岂不更得不偿失？

敢于说"不"的人是果断的人，做事情不会拖泥带水、犹豫不决；敢于说"不"的人是有主见、有魄力的人。当然随意说"不"的人也可能是轻率而怕负责任的人。我们需要的是在慎重考虑以后，权衡利弊以后的断然否决。敢于说"不"是需要勇气的，很多不敢说"不"的人往往缺乏勇气，顾虑太多。

敢于说"不"是一种人格魅力，能给自己树立一个硬朗的形象。因为敢于说"不"是对自己的负责，也是对别人的负责。

你不需要活在别人的认可里

　　总有这样一类女人值得我们欣赏——她们无论在任何情况下，都对自己的美丽深信不疑。每天走在街上，对旁人的眼光视若无睹，就那样微笑地信步走着，把自信的身影拖得很长很长。事实正是如此，有些时候，别人的建议再好也权当参考，你要按照自己的方法去思考和行动。毕竟有些事情自己是当事人，更清楚要怎么做，虽然现在你无法完全摆脱这种状态，但只要你下定决心，总能够果断地做出自己的正确决定。

　　玛丽亚每天都在房前的空地上练习唱歌。一位邻居听了，冷笑着说："你即使练破了嗓子，也不会有人为你喝彩，因为你的声音实在是太难听了。"

　　玛丽亚回答道："我知道，你所说的这番话，其他人也对我说过多次，但我不在了，我是为自己而活着，不需要活在别人的认可里。我只知道在唱歌时我很快乐，所以无论你们怎么指责我的声音难听，都不会动摇我唱下去的决心。"

　　你不需要永远活在别人的认可里，快快乐乐地为自己活，潇潇洒洒地"自恋"，哪怕别人把自己当成"精神病患者"，我们也要做一个快乐的"美人症患者"。玛丽亚就是这样一位快乐的

"美人症患者"，但是谁又知道，她的执着和热情不会成就她的梦想呢？

虽然我们有必要听取别人对自己的评价，但也不能过分在乎，否则，烦恼的是你自己，痛苦的也必定是你自己。

范晓萱在一次访问时说："以前我很辛苦，因为我太在乎别人的感觉，太在乎其他人怎么看我，所以，我很多时间都要去想别人怎么看，我都想做得面面俱到，把自己弄得很辛苦。现在，我开始跟着感觉走，也能比较清楚地表达我的看法。我只是想活得轻松一些，不要那么辛苦。"

的确，一个人一生为别人的评论而活着是很累的，也很愚蠢。艾莉诺·罗斯福说："未经你的同意，没有人能使你感觉卑微。"古希腊谚语也说："除了自己，没有人能够侮辱我们。"

我们每个人都不可能孤立地生活在这个世界上，很多的知识和信息来自别人的教育和环境的影响，但你怎样接受、理解、加工和组合，是属于你个人的事情，这一切都要你自己去看待、去选择。谁是最高仲裁者？不是别人，正是你自己！歌德说："每个人都应该坚持走为自己开辟的道路，不被流言所吓倒，不受他人的观点所牵制。"让人人都对自己满意，这是不切实际、应当放弃的期望。

如果你期望人人都对你感到满意，你必然会要求自己面面俱到。不论你怎么认真努力去尽量适应他人，能做到完美无缺，让人人都满意吗？显然不可能！这种不切合实际的期望，只会让你背上沉重的包袱，让你因此顾虑重重，活得太累。只有懂得享受自己的生活，不受别人的消极影响，不管别人如何评论你，只要你自己觉得高兴、满足、自得其乐，你的生活就是幸福的。

我们周围的世界是错综复杂的，我们所面对的人和事总是多方面、多角度、多层次的。我们每个人都生活在自己所感知的现实中，别人对你的看法大多有一定的原因和道理，但不可能完全反映你的本来面目和完整形象。别人对你的态度或许是多棱镜，甚至有可能是让你扭曲变形的哈哈镜，你怎么让人人都满意呢？

我们永远都不要跟自己较劲儿。过分强调别人的看法，那样只会徒增烦恼。最重要的莫过于自己的体会，把那些不相干的议论丢到一边，学着做一个有主见的女人。重新回归自我，你才能真正快乐起来！最后，我很想把亦舒说的一句话送给大家："人生短短数十载，最要紧的是满足自己，不是讨好他人。"所以，我们千万不要迷失在别人的眼光里。

笑到最后才能笑得最好

如果世界上只有一种人可以获得成功，那他一定是坚持到底、执着追求自己理想的人。

女人在最初的意气风发中，渐渐走向生活的围城，失去快乐的笑声。平常许多女性做事都是半途而废，总是不能坚持到最后。许多年轻的女性都似乎有着这样的通病，就是凭一时冲动想干什么，就急不可耐地立即去干，可热度还未持续多久，兴头过了，就说什么也不再干了。这是一个极其严重的毛病，它令女人失去定性。女人若凡事轻率鲁莽，最后只能导致疲惫与倦怠，在生活中苍老得太快。只有坚持到最后的人才能获得胜利。

丁玲说过："女人，只要有一种信念，有所追求，什么艰苦都能忍受，什么环境也都能适应。"只有执着的人才能坚持追求自己的目标，才有一股势不可挡的锐气。成功只会属于执着追求的人。史玉柱说："一个人一生只能做一个行业，而且要做这个行业中自己最擅长的那个领域。"也正是因为史玉柱这种找准目标就坚持不懈，用毕生的经历去追求目标的信念，才能让他笑到最后。

苏格拉夫顿女士是美国著名的侦探小说作家，她讲述了自己的成名之路。

"如果25年前就有人告诉你，你将得到你想得到的一切，但是你必须等到25年后，你那时做何感想？而眼前的路你该如何走下去？"

她1915年年底带着成为一位名作家的梦想来到了纽约，但纽约给她的第一份礼物就是失败。她寄出去的文章都被退回。但她没有放弃，仍怀着梦想不停地写作，走遍了纽约的大街小巷，奔波于各个杂志社、出版社之间。当希望还是很渺茫的时候，她没有说："我放弃，算你赢了。"而是说："很好，纽约，你可能打倒不少人，但是，绝不会是我，我会逼你放弃。"她没有像别人那样，碰到一次退稿就放弃了，因为她决心要赢。4年之后，她终于有一篇文章刊登在周六的晚报上，之前该报已经退了她36次稿。

随后，她得到的回报更是一发而不可收。出版商开始络绎不绝地出入她的大门。再后来是拍电影的人发现了她。她的小说在被改编后搬上了银幕，她在短期内富裕起来。

生活中总有许多不如意的事情。年轻女人初出茅庐，碰壁的机会更大。但只要我们学会坚持，在生活、工作中坚持微笑着面对困难，考研不成功，我们可以总结经验教训继续努力；工作不如意，那只是我们走向成功的必经之路，继续坚持，总会走出职场困境；想要美丽、想要气质，这个过程并不痛苦，我们只要怀着美好的想象，就会在过程中体会到快乐；感情上的冰河期，其实是因为我们对彼此都开始了解，并且把全部赤诚展现给对方的一种磨合，从来夫妻吵架都是床头吵床尾和，何况无伤大雅的小吵还是增进感情的良药……

所以我们不必为一些小问题而苦恼，坚持用微笑面对，一切问题都不再是问题，我们也能够笑到最后。

培养进取心，让智慧不断升级

有进取心的女人是美丽的，这种美丽是不可替代的。进取赋予了女人自立自强的人格魅力。如果把年轻靓丽的容颜比作花朵的话，那么经过进取历练的气质美便是从花朵中提炼出来的精华。前者娇嫩易逝，后者却历久弥香。要知道，事业上执着的信念、淡定的心态和宽广的胸怀，是修炼女性气质之美的三大法宝。有了它们，进取就无时无刻不在为女人化妆，使进取中的女人更美丽、更幸福。

如今，现代文明是越来越丰富了，也给予了每个人更加宽广的活动舞台。女人开始走向职场，和男人一样打拼，一样渴望成功。在各行各业也的确涌现出许多女性成功者。她们不仅事业上可以与男子比肩，生活上也相当圆满，她们代表着当前时代的特征——干练、简明、高效和精彩，成了这个社会大舞台中最亮丽的一道风景，也成为每一位渴望进步的女人学习的典范。

她们之所以能把生命经营得如此精彩，就在于她们能够不断进取，不断充实自己。

"打工皇后"吴士宏其貌不扬，却名声在外。她是第一个成为跨国信息产业公司中国区总经理的内地人，是唯一一个取得如此业绩的女性，也是唯一一个只有初中文凭和成人高考英语大专文凭的总经理。

她是如何取得这份不平凡的成功的呢？用她自己的话说，就是一分野心、两分努力。"没有一点雄心壮志的人，是肯定成不了什么大事的。"吴士宏生于20世纪60年代，十几岁时的她一无所有。1979年到1983年，吴士宏又得了白血病，经过一次又一次的化疗，她的头发几乎掉光。大病过后，她才恍然觉得，自己的生命必须重新开始，因为生命也许留给她的时间并不宽裕了。就是从那时起，吴士宏开始萌发了她的一个想法：要做一个成功的人。从此，吴士宏以顽强的毅力开创起自己的新生活。

她仅仅凭着一台收音机，花了一年半时间学完了许国璋英语三年的课程，拿到了走向新生活的"入门证"，并开始谋求一份新的职业。在自学了高考英语专科的毕业前夕，她以对事业的无比热情和非凡的勇气通过外企服务公司成功应聘到IBM公司，而在此前外企服务公司向IBM推荐过好多人都没有被聘用。

吴士宏虽然没有高学历，也没有外企工作的资历，但她有一个信念，那就是："绝不允许别人把我拦在任何门外！"面试那天，吴士宏来到了五星级标准的长城饭店，坚定地走进了世界最大的信息产业公司IBM公司北京办事处。吴士宏顺利地通过了笔试和口试两轮严格的筛选，成了这家世界著名企业的一个最普通的员工。

在IBM工作的最早的日子里，吴士宏扮演的是一个卑微的角色，沏茶倒水，打扫卫生。她曾感到非常自卑，连触摸心目中的高科技象征的传真机都是一种奢望。吴士宏仅仅为身处这个安全又能解决温饱的环境而感宽慰。

然而这种内心的平衡很快被打破了，在那样一个先进的工作环境中，由于学历低，她经常被无理非难。她曾被门卫故意拦在大楼门口，也曾被人侮辱为"办公室里偷喝咖啡的人"。她内心充满了屈辱，却无法宣泄，吴士宏暗暗发誓："这种日子不会久的，绝不允许别人把我拦在任何门外。"事后吴士宏对自己说："有朝一日，我要有能力去管理公司里的任何人。"为此，她每天比别人多花6小时用于工作和学习。经过艰辛的努力，吴士宏成为同一批聘用者中第一个做业务代表的人；继而，又成为第一批本土经理，第一个IBM华南区的总经理。

作为TCL信息产业集团总经理的吴士宏，已经不再是那个可以被流言蜚语随意中伤的弱女子，她已经在与命运的斗争中练就了更加坚毅的性格。

人生旅程就是一段漫长的奋斗过程，就是一段自我创造、自我完善的过程。每个人都在自己的生活道路上撰写着自己的人生篇章，只有那些经历过风吹雨打、体验过失败的考验的人生著作，才是最好的著作。

我们可以这样认为，一个人在社会大舞台上的活动越是频繁，她对社会的价值就越大，她的人生意义也就越大，她的生活就越精彩。亲爱的女性朋友们，你想出落得更精彩吗？用十二分饱满的精力和毅力投入你所做的事业上，不断进取，胜利正在你面前向你招手！

第二章

情商就是女人的处世资本

别让你的前程毁于糟糕的人际

有人才华横溢，却终生不得志；也有人能力平平，却能够节节高升。这其中，个人的机遇是一方面，另外很重要的则是个人的人际关系状况。一个人如果孤立无援，那他一生就很难幸福；一个人如果不能处理好人际关系，就犹如在雷区里穿行，举步维艰。"条条大路通罗马"，而人际关系好的人可以在每条大路上任意驰骋。古往今来，许多杰出的人士，之所以被能力不如自己的人击垮，就是因为不善与人沟通，不注意与人交流，被一些非能力因素打败。不能融入人群无异于自毁前程，把自己逼入进退两难的境地。

刘红在一家公司做一名管理人员。在公司产品遭遇退货、赔款，濒临倒闭，公司高层们急得团团转而又束手无策时，硕士毕业的刘红站了出来，提供了一份调查报告，找出了问题的症结。此举不仅一下子解决了公司的难题，还为公司赚了几百万元。

因工作出色，刘红深受老总的重视，不久就成为全公司的一颗明星。凭着自己的智慧和胆略，她又为公司的产品拓展了国内市场，立下了汗马功劳，两年时间内为公司赚回几千万元利润，成为公司举足轻重的人物。

刘红踌躇满志，以为销售部经理一职非她莫属。然而，她没有获得升迁。本来公司董事会要提拔她为销售部经理，却由于在提名时遭到人事部门的强烈反对而作罢，理由是各部门对她的负面反映太大，比如不懂人情世故、骄傲自大……让这样一个人进入公司的决策层显然不太适宜。

销售部经理一职被别人担任了，她只好拱手交出自己创建、培养成熟的国内市场。这就好比自己亲手种下的果树上所结的果子被别人摘走一样，她非常痛苦。

她不明白，公司怎么能这样对待自己呢？自己到底错在哪里？后来，还是一个同情她的朋友为她解开了疑惑。难怪那一次，她出去为公司办理业务，需要一批汇款，在紧要关头却迟迟不见公司的汇票，业务活动"泡汤"，令她很难堪。实际上是一个出纳员给她穿了一次小鞋。因为，平时她从未注重和这个出纳打交道，每次遇到了也都匆匆地"擦肩而过"，出纳便认为她瞧不起自己，很不甘心。

还有一次她在外办事，需要公司派人来协助，却不料人还没有到，马上又被撤回去了，原来是一些资格较老的人觉得她很"孤傲""目中无人"，在工作上从不与他们交流……所以想尽办法拖她的后腿，让她的工作无法展开。

尽管刘红工作业绩辉煌，但她忽视了人际关系的重要性。那些她不熟悉的、不放在眼里的小人物，在关键时刻照样会坏她的大事，阻碍她在公司的发展和成功，在无可奈何的情况下，她只好伤心地离开了公司。

正如唐太宗李世民所说："水能载舟，亦能覆舟。"人在社会中生存，人际关系能推动你走向成功，也能让你顷刻间一无所有。千万不要忽视了你身边任何一个人的力量，也许关键时刻他们会是你成败之间的决定因素。做个聪明的交际女人，适当时进行感情投资，树立良好的交际形象，会为你带来意想不到的收获。

孤芳自赏的"冷美人"是交际场上的失败者

有一种说法一直颇为流行，那就是"赞扬能使羸弱的躯体变得强壮，能给恐惧的内心恢复平静和信赖，能让受伤的神经得到休息和力量，能给身处逆境的人以务求成功的决心"。

美国《幸福》杂志的研究结果表明：人际关系的顺畅是成功的关键因素，而赞美别人是交际的最关键课程，因此如果你懂得如何去赞美别人，再加上你聪明的脑袋，还有脚踏实地的精神，就等于事业成功了一半。一个只会孤芳自赏的"冷美人"是不可能在交际场上获得成功的，可以说，学会赞美他人是女人获得交际成功的第一步。

有一位女领导，快50岁了，但是保养得不错，看起来比实际年龄要小一些。于是这天一个下属在跟她聊天的时候说道："我刚见您的时候，您看起来也就30岁左右的样子。我还想着既然当了这么高职位的领导，怎么也得有35岁了吧。后来才……"女领导非常高兴，过段时间就把这位下属升了职。

在特定场合，女性本身认为自己打扮得很漂亮。这时你的夸赞就可以大胆一些，以表达自己的赞赏之情。比如在舞场上，这是找到舞伴的重要技巧。

一天，小何去参加舞会时没有带舞伴。当他看见旁边坐着一位身穿长裙的女士时，他决定请她跳舞。他走近这位女士，夸赞道："小姐，您今晚的一袭长裙配上舞场的灯光，简直就是仙女下凡，真是太迷人了！要不是您穿在身上，我真不知道这座城市的某家商场里居然有这样漂亮的长裙在卖！我已经静静地欣赏了您好久，终于忍不住过来邀请您跳一支舞，你不会拒绝一个崇拜者吧！"这位女士笑了，答应了小何的要求。

精明的裁缝往往会说："太太真是好眼光，这是我们这里最新潮的款式，穿在太太身上，太太一定会更加漂亮。"几句话，这位太太肯定眉开眼笑，马上开包拿钱。

美国的商界奇才鲍罗齐就曾说过："赞美你的顾客比赞美你的商品更重要，因为让你的顾客高兴你就成功了一半。"

赞美可以让女人获得更和谐、更亲密、更甜蜜的亲情、友情和爱情。一个懂得在适当的场合赞美他人的女人，一定是充满魅力的女人，并处处受欢迎。真诚的赞美是衡量女人影响力的一个标准，也是衡量她们交际水平的标准，有助于女人影响力的提高。如果一个女人学会了赞美别人，她就拥有了开启和谐人际关系之门的钥匙。

你的朋友质量，决定你的社交水平

有人说，要判断一个人是怎样的人，只需看他身边的朋友。所谓"近朱者赤，近墨者黑"，真正能做到出淤泥而不染的那是人中圣贤。朋友之间的价值观念、性格气质都会相互影响，聪明的女人要适当地提高自己的交友水准，要懂得借助高质量的朋友圈提升自己的素质修养。想一想，你和童年的小伙伴在一起，学到的是不是也只是怎么玩"跳房子"的游戏？你和中学的好伙伴学到的是不是也只是一些学习上的小技巧？你和大学的好友学到的是不是只是最近哪个商场又在打折了？这样想来，如果你认识和来往的都是这些朋友，你会知道现在哪个行业最有发展前景吗？你会知道怎样投资才最能赚钱吗？你会知道女人应该找一个什么样的另一半才是最大的幸福吗？

相同的精神追求，才能让你们找到共同语言。只有拥有同样的人生信仰，你们才能彼此发现、彼此懂得、彼此珍惜。所以，是时候提高你的交友水准了。只有在更高一层的精神领域里，你才能遇到可以引领你生活的星探。

有两个毕业一年的同寝室的两个女人在对话。她们中一个光艳照人、谈吐不凡，另一个却愁眉苦脸、未老先衰。第一个女人感慨道："我认识的人都好强，他们才刚刚毕业几年，就买房的买房，买车的买车。我从他们身上学到了好多东西。我感觉现在生活很充实，需要我去实现的梦想也很多。"第二个女人却苦笑着说："我认识的人都不如我，好多都是咱们以前的同学，大家过得差不多。我现在感觉生活就这样了，也没有什么追求。"

是什么导致两个曾经同寝室的姐妹人生观这样不同呢？那就是她们的朋友圈不同，朋友的质量不同。一个女人的朋友都比自己成功，她在自己朋友的身上学到很多东西，也拥有了很多积极的心态，所以她就会向着成功的方向努力。而另外一个女人，处在和自己一个水平，甚至还不如自己的朋友圈里，时间一长，她认为大家的生活状态都是这样的，所以也就不思进取了。

提高自己的交友水准，可以让你找到自身的不足，促使你学习朋友身上的优点，拓展自己的知识面。如今，不再是女子"大门不出，二门不迈"的时代。作为女人，你不仅要走出去认识他人，与他人交往，特别要与成功人士交往。一个人只活在自己的世界里，不会有大的建树，只有与强者做朋友，时间长了，你才会有一个成功者的思维，你才会用一个成功者的思维去思考。思想决定行动，当你和优秀人士的想法相近时，你自然会朝着成功的方向迈进。

向薛宝钗学交际，圆融而不世故

　　但凡读过《红楼梦》的人，无不为黛玉、宝钗两人的才情所打动。两人都各有优点，却很少有读者真心喜欢宝钗这个人物，大都觉得此人太过持重圆滑、工于心计。但就为人处世来讲，宝钗的"人缘学"却是值得女人学习揣摩的，因为人际交往不能缺少一些圆滑和心计。

　　宝钗人缘好的原因是关心人及体贴人。袭人因身上不爽，请湘云帮忙为宝玉做双鞋，宝钗知道湘云的难处，于是主动将活揽过来。她生日那天，贾母问她爱听何戏、爱吃何物，"宝钗深知贾母年老人，喜热闹戏文，爱吃甜烂之食，便总依贾母往日素喜者说了出来，贾母更加喜悦。"黛玉谈起自己的病情相当悲观，宝钗不仅要她换个高明医生，而且有鼻有眼地指出她药方有问题，提出改进意见："昨儿我看你那药方上，人参、肉桂觉得太多了。虽说益气补神，也不宜太热。依我说，先以平肝健胃为要，肝火一平，不能克土，胃气无病，饮食就可以养人了。每日早起拿上等燕窝一两，冰糖五钱，用银铫子熬出粥来，若吃惯了比药还强，是滋阴补气的。"她还真诚地说："你放心，我在这里一日，便与你消遣一日，你有什么委屈烦难，只管告诉我，我能解的，自然替你解一日。"因而黛玉亦认为自己往日对宝钗是以小人之心度君子之腹了。希望得到别人的理解和关心，乃人之常情，善解人意的人总是受到一切人的欢迎。

即使是对待下人，宝钗也一向是宽厚的。香菱在她家中是侍妾的地位，而她却视她为手足，不仅生活优遇她，而且还为她排难解忧。即使是对下人，她待他们都彬彬有礼，不对谁特别好，也不冷淡任何一个不得意之人。当凤姐患病，探春奉命当家，王夫人命她协助。探春决定了把大观园中的花果生产交给几个老婆子掌管，宝钗就接着提出一种调剂性的主张：凡经管生产收入，除供应头油香粉外，其余盈余不必再行交到账房，作为经管人的贴补，而且应当也分些给其他的婆子媳妇们。这样，公家省了钱，又不显得太吝啬。其他未经手的人得到利益，也便不会抱怨或暗中破坏别人。于是各方面都欢喜叹服。

薛宝钗的处世哲学中体现了尊重他人、乐于助人、待人以诚等美德，无怪乎她在贾府赢得了上上下下一干人等的欢迎。这个故事也告诉我们，好人缘是需要付出的，真心的付出必将收获真情的回报。

好人缘的力量是神奇的。在交际场合，长袖善舞的女性也许并不貌若天仙，但好人缘使她具有专属自己的独特吸引力，令她得到每一个人的欢迎和欣赏。她们如翩然起舞的蝴蝶，在人生的各种角色间轻松游走，好人缘让她们不断收获成功和幸福。

在家庭里，她们会向亲人倾吐自己的欢乐和忧伤，也会及时送上自己的温情与慰藉；在职场里，她们会和同事们亲切地交谈，真诚合作，也会为别人的成功，献上自己最真诚的祝福；在上下班的路上，她们会向熟人热情问候；在朋友生日宴会上，她们会道上一声真诚的祝福。

好人缘，给女人一片展现自我的天空。与人交往使女性不再孤独，获得理解、尊重、认可让女人生活得更有滋味。

好人缘，让女人的心田得到情感的滋润。常与人交往和分享，快乐更显生动，烦恼和忧伤不会久驻，心中永远是朗朗晴空，徐徐清风。

好人缘，为女人搭建成功的桥梁。"多个朋友多条路"，有好人缘的女人不会缺少成功的机会。好人缘，让幸福女人的人生更加精彩！

做人要简单，做事要认真

在还没有出校门之前，就有很多前辈告诉我们：这个社会很复杂，做人一定不能太单纯。

有这么一个真实的故事。某一天，学校里的年轻老师像往常一样给孩子们讲述《乌鸦和狐狸》的故事：狐狸看到乌鸦嘴里衔着一块令人馋涎欲滴的肉，就赞美乌鸦羽毛漂亮、身材健美，是天生的百鸟之王，如果再唱支歌的话那就更可爱了。乌鸦听了十分高兴，就得意地唱起歌来。可是刚一张嘴，肉就掉到了地上。狐狸叼起肉喜滋滋地走了。讲完课文的中心思想之后，老师让同学们对受骗的乌鸦说一句话。几乎所有的同学都说："乌鸦，你太虚荣了，听了恭维话就得意忘形。"只有一位胖乎乎的小女孩说："乌鸦，你别难过了，我分给你一块肉。"小女孩刚说完，全班都哄堂大笑。老师语重心长地说："你这孩子，就像《农夫和蛇》里的农夫一样，会吃亏的。"小女孩依然小声地说："乌鸦受骗心里正难过呢，这个时候最需要好朋友的安慰了。"

　　过了一会儿，老师又开始问同学们："你们再想一想，如果乌鸦以后再见到狐狸，会是什么情况呢？"同学们都抢先回答："无论狐狸再怎么夸奖乌鸦，乌鸦都不会再理它。"班上最机灵的小男孩回答："狐狸是狡猾的，肯定不会再用老办法骗乌鸦了。它一定会对乌鸦说：'上次我骗了你的肉，我妈妈狠狠地批评了我，让我回来向你道歉。如果你不肯原谅我，我就站在这里不走了。'乌鸦见他一脸诚恳，就对他说：'你不要担心，我原谅你了。'刚说完，嘴里的肉又掉了。狐狸立即又把肉叼到了嘴里。乌鸦哈哈大笑，说：'臭狐狸，你死定了，我在肉里下了药。'狐狸连忙把肉吐了出来，以最快的速度奔到小溪边用水漱口。这时乌鸦从树上飞下来把肉叼走了。"听了这段想象力丰富的描述，同学们禁不住鼓起掌来，老师也为孩子的聪明暗暗惊叹。

按常理说，这个聪明的小男孩长大后也一定不简单，但是最终的结局却出乎意料。很多年之后，当这位老师作为教育界知名人士去监狱做帮教演讲的时候，遇到的服刑人员居然是当年那个绝顶聪明的小男孩。而作为优秀企业家与她同行的则是被全班同学嘲笑的那个小女孩。这位老师开始深深反省，当时怎么没有想到，去安慰被讽刺被嘲笑乌鸦的小女孩有着多么单纯的爱心！而小小年纪，连狐狸都敢骗的孩子，在如此聪明绝顶的背后又隐藏着多么可怕的东西啊！这孩子生活在怎样的家庭？为什么会有这样的心计？自己当年怎么就没有想过呢？

很多时候，从表面上看似单纯的孩子比较没有生存能力。但从另一方面看，身边的一些人却真的是因为简单而优秀的。这并不奇怪，因为聪明并不一定是成功的最终条件。

在《射雕英雄传》里，郭靖憨厚质朴，傻乎乎的没有什么心机，更没有什么人生技巧和策略。但正是这种单纯，使得他心无旁骛地学成了天下最高的武艺——"降龙十八掌"，成为顶天立地的武林高手。

我们总是习惯于把成功的秘诀往一些诡秘的方向猜测，其实在社会中生存的最优法则仍然是那些被我们忽视的、最古老、最简单的东西，比如诚实、勤劳、宽恕。

上天从不为难简单的人，简单的人会做得更优秀。因为简单的人没有太多复杂的算计，就多一些实干的行动，建议大家要多和这样的人交朋友。简单的人往往会把这个世界想象成如童话般纯净明亮。这并不是因为他们不知道世道的艰难险恶,当你和他们进行对话时就会发现,越是这样的人,越具有广阔的胸襟。他们懂得,这样的人生态度才可以让自己在这个世界中更好地生存。

多和单纯的人在一起,我们会得到幸福,因为幸福会相互传染。变成简单的人,就会多出一份脚踏实地的专注,多一份成功的回旋余地。毕竟,这个世界最终还是靠实力来说话的。

说出口的话,要先走走心

这个世界需要真诚的面孔,我们常说交友要"以诚相见,开诚布公",但并不是说你必须把自己的过去、未来、所思所感、所经历的事情一股脑地告诉别人。

许薇是某公司的业务员,她因工作认真、勤于思考、业绩良好被公司确定为中层后备干部候选人。只因她无意间透露了一个属于自己的秘密而被竞争对手击败,遭到排挤,最终没有受到重用。

许薇和同事雷红娟关系甚好,常在一起逛街聊天。一个周末,她与雷红娟同睡一张床,两人越聊越投机。兴味盎然的许薇向雷红娟说了一件她对任何人也没有说过的事。

"我高中毕业后到广东的一家公司上班，有一回下班后见同事的手机忘拿了，当时手机还很新奇，又贵，我见左右没人，想了半天就偷偷拿走了。第二天同事急得大哭，在公司里骂人，我心里很后悔又很害怕，但不敢把手机拿出来，后来那手机我也不敢用了，把它卖了。"

许薇工作3年后，公司根据她平时优良的表现和业绩，把她和雷红娟确定为业务部副经理候选人。总经理找她谈话时，她表示一定加倍努力，不辜负领导的厚望。

谁知道，没过两天，公司人事部突然宣布雷红娟为业务部副经理，许薇调出业务部另行安排工作岗位。

事后，许薇才从人事部了解到是雷红娟从中捣的鬼。原来，在候选人名单确定后，雷红娟便来到总经理办公室，向总经理谈了许薇偷拿别人手机的事。不难想象，一个曾经有过"犯罪"经历的人，老板怎么会重用呢？尽管你现在表现得不错，可历史上那个污点是怎么也擦洗不干净的。

知道真相后，许薇又气又恨又无奈，只得接受调遣，去了别的不怎么重要的部门上班。

你有得意的事，就该与得意的人谈；你有失意的事，应该和失意的人谈。但是有些事如自己不光彩的过去，就不该轻易出口，如果实在不吐不快，说话时一定要掌握好时机和火候，不然的话，一定会碰一鼻子灰。有句老话叫作"祸从口出"，与人交往一定要把好口风，什么话能说，什么话不能说，什么话可信，什么话不可信，都要在脑子里多绕几个弯。

每个人都有自己的秘密，心里都有一些不愿为人知的事情。尤其是同事之间，哪怕感情真的很不错，也不要随便把你的事情、你的秘密告诉对方，特别是隐私。这是一个不容忽视的问题。你的秘密可能是私事，也可能与公司的事有关，如果你无意之中告诉了同事，很快，这些秘密就不再是秘密了。既然秘密是自己的，无论如何也不能对别人讲。

借助他人的力量往上走

"借助他人的力量往上走"，这是雅芳CEO钟彬娴——全球最成功的华裔女性的成功经验。最近，《时代》杂志评选出了全球最有影响力的25位商界领袖，钟彬娴是唯一入选的华人女性，她的成功之路被许多人认为是一个奇迹，而奇迹中蕴含的奥秘看起来真的很简单。1979年，一无背景、二无后台的钟彬娴以优异的成绩从普林斯顿大学毕业。当时她决定在零售业锻炼一段时间，然后再进入法学院学习法律。在她看来，零售业的经验将对她的法律学习有很大的帮助。零售业的经历可以培养她的悟性，锻炼自己的脸皮与耐性。于是她加入了鲁明岱百货公司，成为一名管理培训人员。

钟彬娴的家族都是专业人士，唯独她一个人入了零售行业。因此，当她面对零售工作，与客户打交道时，体会到了工作的艰辛。但她没有放弃，而是决心在工作中开拓自己的人脉。

幸运的是在鲁明岱百货公司，钟彬娴遇到了公司首位女副总裁万斯。此人自信机智，讲话清晰有力，进取心强烈，是女人中的精英。钟彬娴意识到，如果要在相互搏杀的商业社会里叱咤风云，就必须摆脱亚洲人善于服从的特性的束缚。于是，为了向万斯学习丰富的工作经验和技巧，钟彬娴像对待老朋友一样对待万斯，用心来交流，用真诚来互动，并很快取得其信任，让她心甘情愿充当自己的职业领路人。

"有些人只等着机会来临，"钟彬娴说，"我不这样，我建议人们要抓住能带你飞翔的人的翅膀。"在万斯的帮助下，钟彬娴在鲁明岱百货公司升迁很快，到了20世纪80年代中期，她已成为销售规划经理、内衣部副总裁。

后来，钟彬娴开始兼任有着110多年直销历史的雅芳公司的顾问。在雅芳，钟彬娴卓越的才华和超绝的人脉拓展能力吸引了雅芳CEO普雷斯的注意力。7个月后，钟彬娴正式加盟雅芳公司。时间长了，她发现在这里没有挡住女性升迁的玻璃天花板，女人也有很宽很广的发展空间。很快钟彬娴便在雅芳拥有了自己的人脉资源，并以卓越的管理才能获得普雷斯的认可，与之结为好友。

一个没有任何背景的女性，在40岁出头就能有如此令人羡慕的成就，这不能不说是一个奇迹。而钟彬娴成功的关键就在于善于建立自己的人际关系，找对了自己职业生涯中的关键人物。

生活中，每个人的精力和交际范围都很有限，如何在有限的交际中获得无限大的收益呢？其实生命中，20%的付出将产生80%的回报（其余80%的付出却只收获20%的回报）；20%的人际，会对你的一生造成80%的影响。因此，让80%的人喜欢你，避开20%不必交的、不可交的人。

生命中有些人是没有必要深入交往的。比如旅游途中停留客店的房主、上班路上的售票员，这些多是远离你生活的人，只要不让对方讨厌自己就够了。

还有的人是不可交的，所谓"择善而交"也正是这个意思。和那些思想堕落、行动腐化、不思上进的人混在一起，只会把自己引上歧途，降低自己的人格，还是远离他们比较好。

此外，努力让80%的人喜欢你，并和你生命中重要的20%的人建立深厚的感情和密切的联系。当然，在80%的人中包括了对你非常重要的20%的人，你应该和他们建立亲密的关系和深厚的感情。赢得家人的喜欢，增进和他们的感情，因为他们关乎你的成长和生活；多和学习、工作中的关键人物沟通，他们能帮助你顺利从业、愉快工作、寻求发展，这些关乎你一生的成就；和能深入你心灵的朋友多多联系，这关乎你的性情和性格……

俗话说："七分努力，三分机运。"我们一直相信"爱拼才会赢"，但偏偏有些人付出的努力和最终的结局无法成正比。究其原因，是缺少贵人相助所致。在向事业高峰攀登的过程中，他人的相助绝对是不可或缺的一个环节。有他人相助，可以使你尽快地取得成功。

机会总会留给那些印象深刻的人

和素不相识的人见面，总会让人有些局促和紧张。因为我们不了解对方，见面时，又需要配合对方的反应调整自己的行为举止，而且在这个过程中，还不能够推心置腹、吐露真言。这样的交往会让人感到疲惫和无趣。

面对陌生的人尚且如此，更何况是自己所喜欢并想追求的人呢？所以，在初次见面的时候，一定要做好准备。

文竹是个漂亮的女人，当年去北京，誓将"北漂"进行到底。那时她还是个很穷的女生，挤了一夜的火车。她到北京的时候，男友有事，无法接她，就委托好友刘川替代自己去接她。文竹很聪明，也懂得得体地打扮自己，身上的穿戴虽然不是样样名牌，但都搭配得时尚而得体。

刘川看到文竹的第一眼，便下结论：这个女人真漂亮，这种漂亮和一般女人不一样。他兴奋地认为，文竹肯定是个未来的新星。和文竹接触的时候，一种说不清道不明的情愫慢慢在刘川心里滋生着。后来，在刘川的追求下，文竹和男友分了手，和刘川相恋了。

他们经历了一场非同一般的恋爱，虽然后来两人因为性格及其他原因，经历了种种波折，最终分手，但文竹也如刘川的第一印象那样，成了一个耀眼的明星，演出了不少成功的角色，成为北漂一族中少有的成功者之一。

这是海岩的小说《深牢大狱》里的情节。初次见面给人的印象，是如此重要，甚至可能决定你一生的感情。不管与谁见面，提前做好准备，会让自己更加从容，在感情上，也会有备无患。

或许，初次见面，你的服饰、装扮，你的一颦一笑就已经让他认定了——你就是那个应该出现在他生命中的女人。那么，女人初次与男性见面，需要注意哪些细节呢？

1. 礼仪

异性之间，初次见面的时候，点头加微笑的问候是比较适合的。女人不要主动去和对方握手，一是显得不矜持，二是显得过于正式；当然，当对方伸出手来时，你也不要拒绝，大大方方地接受。

2. 穿着

选择适合自己形象，穿上也得体的着装。整洁是最重要的，风格上最好选择休闲装。不要过度隆重，也不要在服饰的细节上给人留下邋遢而可笑的坏印象。

3. 装扮

过度化妆不一定好，比如过长的假睫毛、长而尖的红指甲、浓而重的艳丽眼影通常都只会给女人增加负面分。但是，如果你不是天生丽质那类女人，素面朝天也是一种失败的装扮。你可以选择薄薄的粉底、淡淡的口红、浅粉的指甲油等，这些可以令女人显得更加柔美。

4. 言谈

不要喋喋不休，这会显得嘴太碎。交谈不是发表演说，不能搞成只顾表达自己意愿的单方面倾诉。在交谈中，适当地说话，也要懂得倾听对方的表达，这也是一种了解对方的方法；同时，也不要沉默寡言，交流从来就是两个人的事情，如果你一味地等着对方说话、听他说，会令对方无所适从，当他找不到话语来说的时候，会形成一种尴尬气氛。

5. 心理

心理方面也是个比较重要的问题，可以适当注意以下几点：

首先，不要掩饰自己。有些女人喜欢把自己真实的性格隐藏起来，不想让对方看透自己，觉得让对方发现自己的弱点是个糟糕的后果，可是，这样做的结果是你束缚了自己，无法畅所欲言、自由表现。把自己性格的真实一面展示给对方，真实有时也是一种特殊的吸引力，比矫揉造作给人的印象好得多。

其次，即使是好朋友之间也会有矛盾和彼此讨厌的地方，初次见面的两个人更是如此，所以，为对方准备周到的礼节是必须和应该的，但也不要奢求自己能百分之百地被人接受和喜欢。别人对你的评价是别人的事情，你只要尽量表达自己的诚意就可以了，不要过分在乎自己。

总之，越是表现一个真实的自我，越容易让人感觉到你的率真，便越容易吸引人。

不要忽视"小人物"

不可忽视身边"小人物"，一些看似无足轻重的人物，在关键时刻，也许能帮上大忙，也有可能拦住你前进的去路。常言道："三十年河东，三十年河西"，今天的小人物难保日后不会时来运转。

清朝雍正皇帝在位时，按察使王士俊被派到河东做官，正要离开京城时，大学士张廷玉把一个很强壮的用人推荐给他。到任后，此人办事很老练、谨慎，时间一长，王士俊很看重他，把他当作心腹使用。

王士俊任期满后准备回京城。这个用人忽然要求告辞离去。王士俊非常奇怪，问他为什么要这样做。那人回答："我是皇上的侍卫某某。皇上叫我跟着您，您几年来做官，没有什么大差错。我先行一步回京城去禀报皇上，替您先说几句好话。"王士俊听后吓坏了，好多天一想到这件事就两腿直发抖。幸亏自己没有亏待过这人，要是对他有不善之举，可能小命就保不住了。

这个例子告诉年轻的女人们，千万不可轻视身边的那些"小人物"，跟他们搞好关系非常重要。这些人平时不显山不露水，但是到了关键时刻，说不定就会成为左右大局、决定生死的"重磅炸弹"。

所以，平常无论是说话还是办事，一定要记住:把鲜花送给身边所有的人，包括你心目中的"小人物"。不要总是时时处处表现出高人一等的样子，要知道，再有能力的人也不可能把所有的事情都办好，再优秀的篮球运动员也不可能一个人赢得整场比赛。在经营管理中，人至关重要，有了人才能带来效益。俗话说:"不走的路走三回，不用的人用三次。"说不定，有一天，你心目中的"小人物"会在某个关键时刻成为影响你的前程和命运的"大人物"。

常言道："深山藏虎豹，田野隐麒麟。"更何况一百个朋友不算多，冤家一个就不少，越是小河沟越可能会翻大船。在芸芸众生之间，有着无数能够在关键时刻助你成功的人。所以，要随时随地广泛交往，重视身边的"小人物"，多结善缘才行。

分享就是赠人玫瑰，手有余香

无论是机会、利益还是其他各种人们都想得到的东西，你越吝啬，觊觎的人反而会越多，适当地分享既能保证你的利益，其他得利的人也会对你更加忠诚，而一旦你有需要时，你便能从他们那里得到更多。很多女人吝啬分享，害怕别人得利，自己便会失利。其实你选择了分享，就为自己又增加了一份人情。

金楠是一家外企的高级白领，由于公司规模很大，她所在的宣传部门就设立了两个办公室。金楠的办公室在6层的最里边，十分隐蔽，而且透过窗子可以眺望不远处公园的美丽风光。因此，公司的许多同事都喜欢聚在她的办公室聊天，哪怕只是临窗看看公园，也能驱散些工作的劳累。因此，金楠的办公室在休息时间总是有许多人，大家坐在一块儿互相交流工作心得、谈谈公司规章的缺陷，而公司的一些管理者也都愿意来到金楠的办公室与大家一起交流。

金楠却私下总是抱怨太多的人在她的办公室，她的工作都被影响了。于是，她就在办公室门的把手那儿挂了一个牌子，上面写着"工作中"。这样，金楠就可以一个人安静地工作了，窗外那一大片美丽的风景也独属于她自己了。

开始时，一些同事还是三五成群地在休息时间到她的办公室串门，但是，金楠总是以她在工作为由，说自己没时间休息。后来，同事不再来她的办公室，即使来办公室，也只是因为工作的关系。一段时间后，金楠成了公司内的孤家寡人，同事们都不愿和她交流，工作中出现问题时，同事们也不再热心地帮助她。再后来，由于公司的经营出现了一些问题，不得不裁减人员，被裁减人员名单上的第一个人就是金楠。

由于吝啬与同事分享办公室的美景，金楠失去了一份令人艳羡的工作。吝啬是一种极端自私的表现。任何人都有自私的一面，不为自己打算的人很少，然而在人际交往中，要做到公私兼顾并不困难。所谓礼尚往来，来而不往非礼也。人敬你一分，你回敬三分，这当然好，回敬一分，也不为过。如果总想让人敬你，而你不回敬别人，这就会得到"吝啬"的评价。吝啬的毛病在女人的身上表现得非常突出。

　　仔细想想，我们是否也有这种毛病呢？小时候有好玩的玩具，我们只是自己玩；有了好吃的，自己偷偷藏起来；上学时别人借笔记，我们却拒绝；买了一件漂亮的衣服穿给朋友看，朋友也想买一件我们却谎称卖完了；老板给了我们一个"肥差"，我们却拒绝别人的帮忙，想要自己独立完成……

　　所谓"拿人手短，吃人嘴软"，乐于拿出自己的东西与人分享的人，人缘不会太坏。

第三章

女人情商高，就要会说话

把安慰的话说到朋友心里

安慰话语犹如创可贴，朋友失意的时候，如果我们能够恰当地安慰他们，就可以让朋友的伤口早日愈合，也能让朋友与自己的关系更加密切。说安慰的话，是需要技巧的，只有运用同理心，把安慰的话说到朋友心里去，才能把朋友内心的痛苦稀释掉。

同理心其实就是将心比心，设身处地帮朋友着想。男性的大脑一般比较理性，他们的理性思维很强，在系统性、逻辑性等方面往往更加出彩。但是在感性方面，他们则显得能力不足，没办法准确理解他人的情绪信息，也很难跟别人达成良好的沟通。女性的大脑则非常感性，女性通常感情世界都比较丰富，她们有很强的同理心，可以很准确地捕捉和理解他人的感受，并以此来指导自己，更能够把安慰的话说到朋友心里。

李洁是一所理工类大学的大一学生。由于是理工类学校，所以班里女生非常少，李洁所在的班只有她一个女生。李洁本来就内向，不愿意跟男生多说话，因此越来越孤僻。

有一次，学校组织了一场辩论赛，要求每个班级至少有一名女生参赛。李洁得知后非常苦恼，她不喜欢参加集体活动，可是作为班里唯一一位女生，必须参加。在接下来的几天里，李洁惶恐不安。

班长看到这种情况，就想安慰一下她，帮她做心理准备。班长说："李洁，不用担心，船到桥头自然直，辩论不就是那么回事吗，大家会照顾你的，你好好准备，到时候一定能表现得很好的。" 李洁一听，大家都照顾自己，意思不就是自己拖了后腿吗？她更加不安了。

后来李洁的室友看到李洁坐立不安，问她："你这几天怎么了？魂不守舍的样子，谈恋爱了？"李洁连连否认，然后愁眉苦脸地说："学校组织的辩论会啊，每个班都要去一个女生，你们班女生还多一点，我们班只有我一个人，必须参加。可是我在人多的场合根本没办法流利地说话，到时候一定很尴尬，我会拖我们班的后腿的。"室友听了这话之后说："嗯，我明白你的意思。也是，你平时就不爱说话，现在参加辩论赛，紧张是必然的。我高中的时候也一样，遇到活动就发愁，饭都吃不下。不过担心归担心，我们现在最重要的是做准备，要是做好了准备，到时候至少知道说什么。你主要是欠缺经验，我们就多练习几遍。我第一次参加辩论赛的时候也觉得很尴尬，可是准备了几天之后就觉得有很多话想说，这几天我们一起在宿舍练习一下吧！然后再叫上你的队友，练几次就行了。这还是个机会呢，说不定经过这次辩论赛之后，你们班的男生们就跟你熟悉了。"

李洁看到室友愿意帮她，非常开心。经过一段时间的练习之后，李洁心里渐渐有了谱，不再那么担心了。

李洁的班长只是站在自己的角度，说辩论赛没有什么大不了的，这样的话对于李洁的作用并不大，因为他没有运用同理心，没有站在李洁的角度想问题。李洁室友则不一样，她设身处地为李洁想，道出了自己当初遇到的相似的困境。当她和李洁站在了同一个立场之后再去安慰，作用就很明显了。

另外，安慰别人的一些小技巧也一定要知道。首先是"比下有余"的方式。人总是会有一种比较的心理，如果一个人不幸，当她看到比自己更为不幸的人，不自觉地就会在心里安慰自己，找到一种平衡，不再自怨自艾，产生"知足"的情绪。所以，当你的朋友失意之时，你不妨采用这种"比下有余"的方式，举例说还有很多比朋友更失意的人，来冲淡他的失意感。当然，这绝不是安于现状、不思进取，而是让失意者看到自己的优势和长处，以图东山再起。

例如，你的朋友失业了。不要说："工作是令人讨厌的。恢复自由是多么好的事情啊！"要说："这太突然了，我很遗憾，但我相信，凭借你的能力，会有更好的工作在等着你。"

其次，可以讲点其他事情，帮助他们改善心情。例如你的一个朋友生病了，你到医院或家中看望他，你也许会这样安慰他说："不要着急，安心休息，你不久一定会康复。"你大概认为，这种安慰方式很不错，很妥善。其实，如果你只是用这样的话来安慰他，效果并不会很好。我们所能想到的类似安心休息之类的安慰病人的话，病人早就厌烦了。病期的生活是枯燥的，你的安慰语不如换成外边有趣的新闻，或者一些幽默的话题，让他从你的探访中得到一点愉快，这就是给他最大的安慰了。当然了，运用这个方法的时候要注意具体情况，如果病人的病比较危急，就尽量不要谈笑。

很多时候，当我们的朋友或家人陷入痛苦之中时，安慰他们的最基本的办法就是：允许他们伤心哭泣。哭泣是人体将情绪毒素排出体外的一种最佳方式。所以，当对方在你面前哭诉时，借给他们一个肩膀。等到他们最伤心的时候过去了，再想办法鼓励他们重新站起来。

总之，安慰别人的目的是帮别人摆脱悲伤，因此，说话的时候只要把握几点原则，你就很容易掌握安慰别人的技巧，那就是：设身处地了解对方，帮助对方分析处境，给他们温暖和鼓励，转移他们的注意力，允许他们发泄。做到这几点之后，你的安慰的话语就更能够进入朋友的内心，帮他们度过困境。

做一个优质的朋友

"千里难寻是朋友，朋友多了路好走"，除了自己的亲人，每个女人的身边都有一群感情深的伙伴，都有几个"闺密"。她们和你没有血缘上的关系，却因为相似的志趣和爱好与你走到了一起。她们愿意和你分享快乐和感动，就像是你的亲姐妹一样。在你的人生旅程中，她们无疑是你身边至关重要的一群人。

既然朋友弥足珍贵，我们就要懂得一些朋友之间相处的学问，不说让朋友伤心的话，经常把朋友说开心，只有这样，我们的朋友才会越来越多，关系才会越来越亲密。有些女士明明拥有良好的品行和能力，却总是无法博得朋友的认可和支持；而有些人虽然"呆傻"一些，抑或生活得落魄一些，但依旧是好朋友一大群。这就是和朋友相处时的技巧在起作用，朋友就是在身边给自己支持、帮自己驱散孤寂的人，如果你说话句句带刺，朋友们心里自然会有很多顾忌。那么，怎样说话才能得到朋友们的喜爱呢？

第一，彼此信任是长久友谊的关键之一，也是博得朋友认可的根本途径之一，这一点女性做得不如男性。女性一般心眼小，嫉妒心强，不够爽直，这就导致女性朋友之间缺乏信任，彼此容易钩心斗角。俗话说"三个女人一台戏"，说的就是这个。因此，女士们在与朋友相处的时候，彼此要坦诚相待，真诚地与对方交流。

要知道，两个彼此不信任的人，是不可能成为真正的朋友的。无形的猜忌会悄无声息地在两个人之间竖起一道无形的藩篱，将两个人的真实想法隔离在无法逾越的屏障两侧，它会让你的内心滋生无数莫须有的抗拒和理由，让你远离对方，并轻易地将对方的目的邪恶化。相反，你如果能够信任对方，开诚布公，大度地敞开自己的内心，你会发现那些让彼此疏离的陌生感在一瞬之间就消散不见了。信任是相互的，如果你对另一方敞开心扉，那对方也会自然地打消心里的顾忌和猜疑，对你逐渐地产生信赖感甚至依赖感。

当然了，要注意的是朋友之间是有秘密话题的，对方对你讲的事情，很可能不会在别人那里提及，她之所以让你成为她的听众，是希望你能够与他一同分担一定的快乐抑或痛苦，相信你肯帮助或者安慰、鼓励她，并相信你能够替她保守这个秘密。这时候，你要对得起对方的信任和坦诚，不要轻易地将两个人之间的事情传到第三个人耳朵里，要记住，没有人喜欢"长舌妇"。

第二，很多女性朋友喜欢相互"诋毁"对方，彼此取笑。这并没什么不妥，但要注意把握好度。朋友之间是有底线的，不要以为对方可以容忍你所有的过激言行，也不要试图以任何一种方式挑战对方的心理承受极限，她可能已经为你做出了一定的牺牲和让步，好朋友应该如此。但别忘了，她没有任何义务这样做，她要是想离开你或者和你隔绝关系，连一句话都用不着说。彼此相处时间越长的朋友，越能体会到这一点，别拿自己的朋友的颜面不当回事儿，你和对方关系越好，越要检视你的言语，特别是有其他人在场的时候。

第三，不要计较口舌之争。朋友之间难免会碰到一些问题和矛盾，人都是有个性的，都希望在与人争执时，将自己的想法和观点最大化地保留。这时候，显然要有人做出让步。面对这种情况，如果事情不触及一些原则性的问题，你完全可以采取"一边倒"或者"束手就擒"的策略，实在不至于为了一些蝇头之利或者一时之快而和你的朋友争执不下，闹得不可开交。

还有就是要学会聆听，这将让你在最短的时间里成为一个抢手的朋友。女性朋友们在一起，一般都叽叽喳喳抢着说话，这时候，如果你在对方向你滔滔不绝地讲述自己的经历和想法时，认真仔细地听，那么你很容易就会受到对方的欢迎。不要轻易地打断她的谈话，即使它们听起来实在是没有道理或者没有意思，特别是当她们兴致盎然的时候。你有很多的时间给她解释或者灌输你的理解，但显然不是在此时，不要给她泼冷水，即使真的忍不住泼一点儿，也要把水温调得合适一些。

第四，不要吝啬你的支持和鼓励，没有什么比观众的掌声和记者的闪光灯更能提升一个篮球运动员的战斗力了。成就感，是支撑一个人走下去的最合适的燃料和动力，有些话虽然你知道答案，但必须当着朋友自己的面或者更多人的面问，譬如："你这次高数考了班里第一名？""你帽子上是周杰伦的亲笔签名吗？"只要觉得朋友的话说得对或者好，你就应该在第一时间给予肯定和支持，这对你而言可能就是几个字的事情，但不要小看了它们，对朋友来说，这几个字足以让其在十几分钟里都心情愉快。

第五，与朋友交谈的时候要学会收敛自己的光芒，抬高对方。没有多少人喜欢和自夸的人待在一起，她们不想要这种悬殊的对比感。如果你总是把自己当主角、当女王，对她们不重视，她们可能就会慢慢远离你，到灰暗一些的地方，因为只有那样，她们的生命之光才会实现价值。所以，跟朋友在一起的时候，做一只节能灯吧，暗一些，让光亮温和一些、长久一些。不要每句话不离"我"，多把视角转移到她们身上，多谈谈她们的事情。如此，你的身边自然会聚集许多同样温暖的光芒，最后它们甚至会比你一个人的光芒还要亮。

其实既然是朋友，就非常容易交流，我们只要将心比心，如果你真心地将对方视作朋友，并投入真情，对方自然也会尊重并在乎你，你的朋友就会越来越多，她们和你的关系也会越来越亲密。

友善的言语让你更受欢迎

著名心理学家亚佛·亚德勒曾说过："如果一个人对别人冷漠，那么他一生中的困难就会变得更多。"日常生活和工作中，我们需要经常与形形色色的人交流，在交流的时候，如果你热情友善，别人就会感受到你的善意，更愿意和你交往。所以，如果你在与人交流的时候保持善意，话语中处处体现对他人的关怀和尊重，你就会更容易赢得别人的尊重。

事实上，生活中很多人与人之间的不理解，都是因为一方不把另一方放在心上，态度冷漠无礼，由此造成了种种仇视和敌意，并给我们的人际关系带来了很多障碍。

一个富太太整天抱怨人们不喜欢她，并说她太自大。于是她找到了心理医生抱怨："我的遗嘱上已经写好，在我死后要把我所有的财产捐给穷人。可是他们为什么还不感激我？"

心理医生告诉她："从你的话里面，我就能够了解到别人为什么不感激你。因为慈善是一种发自内心的对别人的关心，关心的前提是尊重。如果你平时经常觉得自己高人一等，开口闭口都是说'那些穷人'，他们一定不会喜欢你。很多时候别人喜欢一个人，并不是看这个人给了他们多少钱财，而是看这个人是不是尊重他们，对他们说话的时候是不是友善和蔼。"

确实是这样，人与人之间的关系并不是依靠物质联系在一起的，而是靠心与心的交流。要想赢得别人的尊重和喜爱，就要在平时交流的时候给予别人更多的尊重和关怀，不仅当别人有困难的时候伸手援助，在平常的时候更要对别人多加关心，让别人从你的言语里感受到你的善意。

友善的言语就像是和煦的阳光，能够带给别人亲切的感觉，能够让别人不自觉地听从我们；如果言语冰冷，像是凌厉的风一样，往往会引起别人的戒备心，想要达到目的，可能就不会那么容易。

女人大都秉性温柔，只要稍微注重言辞，就容易树立柔和可亲的形象。一个善良的，言语温和、友善的女人，想必多数人都愿意接近。

苗娟在一家汽车销售中心做服务人员，每天的工作就是接待上门的顾客。在一个炎热的午后，一位满身汗味的老人伸手推开厚重的销售中心的大门。他一进入，旁边的几位销售人员就皱了皱眉头，各自聊天去了。只有苗娟满面笑容地迎上去，她很客气地询问老人："我能为您做什么吗？"

老人有点惊慌，连忙摆手："不用，不用，只是外面天气热，我刚好路过这里想过来吹吹冷气，马上就走。"

苗娟微笑请老人坐在空调下面的沙发上休息，并倒了一杯水对老人说："您一定热坏了吧，喝一杯冰水，休息一下。"老人受宠若惊："不了，不了。在外面跑了一上午，身上汗气太重，会弄脏你们的沙发。"

"没有关系的，沙发就是给顾客坐的，您进来了，就是我们的客人。"苗娟微笑着把冰水递了过去。

休息了一会儿，老人似乎不太热了，便走向展示中心的新货车东瞧瞧，西看看。这时苗娟跟着走了过来："这款车不错，要不要我给您介绍一下？"老人连忙摆手说："不用，你误会了，我平时不跑运输，用不上这种车，再说我也没有钱买。"

"没关系啊，只要顾客想要了解，我们就需要向顾客介绍车型，这样您无论什么时候想买，都可以有初步的准备，以后有机会您还可以向需要的人介绍。"苗娟将货车的性能逐一解说给他听，老人不住点头，偶尔陷入沉思。

听完苗娟的讲解，老人笑了笑说："好，我很满意这种车的性能。"然后他突然从口袋中拿出一张皱皱的白纸，交给苗娟："这些是我要订的车型和数量，请你帮我处理一下。"苗娟有点诧异地接过来一看，简直不敢相信自己的眼睛，上面写着要订8台货车。

看着大家不解的表情，老人说："我住在附近的村子，本来一辈子也不会有什么钱买你们的车，但是最近村里和一家公司投资了货运生意，需要买一批货车，我是村长，买车的任务就交给我了。我就想，车子的质量很好保证，最担心的是车子的售后服务及维修，因此我就用这个笨方法来试探每一家汽车公司。但是，好几天了，我得到的都是冷漠的眼神，只有你，不仅热心地接待了我，还给我介绍车型，所以，我决定就从你这里买了，以后如果需要维修什么，我找你一定很方便。"苗娟做成了这么一大单生意，在公司里很快传开了，领导知道后，提拔苗娟做了副经理。

性能良好的货车很容易找，但是真诚、友善的业务人员就难找了，那位老人之所以放心在苗娟那里订货，就是看重她的真诚、友善。我们说话做事，也要友善，保持亲和力，只有这样，才能让人看了舒心、喜欢。

当然了，善意的言语并不是通过刻意在词汇上进行修饰而展现出来的，而是善良内心的体现。女性性情一般比较温和，应该利用自己的优点，把自己内心的善意展现出来。内心善良的人，不经意的言语都会让人觉得很温暖。如果我们能够在与人交流的时候，让别人感受到自己的亲近友善，当然更容易拉近与别人之间的关系了。

与人打招呼要热情

日常交际中，我们经常会遇到一些特别冷漠的女人，这些女人话不多，让人觉得难以接近。虽然远远看着的时候，矜持冷漠的女人会呈现一种冷艳美，让人欣赏。但是，这样的女人会让周围的人认为她们很难交流，无法靠近。

拒人千里之外的态度不是一个乐于交际的人应该有的。如果想和身边的人更加亲近，我们必须卸下防备，展现热情、亲和力，遇到同事、邻居或者客户，我们要学会用热情的言语与他们打招呼。如果能够热情地与周围的人拉近关系，他们就会下意识地把你当成朋友，愿意为你提供帮助。

李依姗是做玉石生意的，她在一个古玩市场开了一家门店。市场布局比较乱，也没有明显的标识牌，因此，很多专门买玉石的人都找不到玉石店。这时候，买家们都会询问大门口的警卫："你们这里卖玉石的店多吗？在哪里？"每一次大门口警卫给出的答案都是："进门之后往右走，走到头再右拐就有了。"门卫说的那里，就是李依姗的店。李依姗服务态度好，商品也好，因此生意一直非常火爆。市场里面也有其他几家玉石店，但是因为门卫每次都推荐李依姗的店面，所以别家生意都不如李依姗。

为什么警卫总是对李依姗这么好？原来，自从李依姗搬到这里，她每一天只要经过大门，就会向门卫问好，有时间的话还会聊上几句。李依姗没有把警卫当作看门的，而是当作邻家大叔。一来二往，门卫也就把李依姗当成是自己人了。

打招呼不是干巴巴地说"你好"或者"早上好"，而是需要运用一些技巧，打招呼是交谈双方相互之间消除陌生感的基础，是一种必要的沟通。因此，打招呼一定要保持热情、友善，让人觉得你可亲近，表达出你对别人的关注和欢迎。那些不善于打招呼的女人，也许是因为性格内向，也许是觉得跟别人打招呼很麻烦，所以总是很少和别人打招呼。这种做法对于人际交往非常不利，因为没有人有义务主动接近你，你不会热情地与人打招呼，也就失去了很多和别人建立友谊的机会。

林曼是一个刚进入职场不久的女孩，她性格比较内向，在比较熟的人面前还能有说有笑，但是碰到不太熟的人的时候总是不好意思跟人打招呼，偶尔说两句话也是非常害羞，声音很小。有时她碰到自己喜欢或是比较敬佩的人，会莫名其妙地紧张，举止特别不自然。

进公司不久，林曼非常崇拜一个经验很丰富的前辈。有一次下班她跟那个前辈同坐一辆公交车，前辈就站在离她不远处，可她硬是鼓不起勇气和她打招呼。为了避免尴尬，林曼当时就把头转向一边，假装没看见对方。

林曼也很希望在公司内部有一个好朋友，她也觉得有几个同事与她有好多共同之处，但她就是不好意思接近对方。有时候同事们遇见她跟她摆手示意，她也只是不自然地笑笑。林曼也能感觉自己好像很没有礼貌，但就是不知道怎么跟同事们打招呼。

因为这样，林曼的同事们都觉得这个小女孩比较怪，难以接近。林曼进公司好几个月了，依旧没有一个好朋友，平时也特别孤独。

林曼的做法显然是不对的，我们进入一个环境，首先要做的就是与其他成员搞好关系，只有人际关系融洽了，每天才能过得更加舒心。相对而言，女性有自身的独特优势，更容易融入一个环境。男性如果对不熟悉的异性热情，会让人觉得目的不纯；女性就不一样了，热情一点，主动与周围的人打招呼，他们会觉得你好相处，会愿意和你做朋友。

当然，在人际交往中，热情是必要的，但不要过度热情。热情打招呼是建立在单纯的友情的基础上的，如果你说出的话超出了普通同事或者朋友之间的范围，那就会让人厌烦。热情和轻薄非常接近，如果你说话不注意，就会给人留下不好的印象。如果你跟别人的关系没有熟悉到一定地步，一定不要热情过度，新朋友只是打招呼而已，客套一下就行了，否则就真的尴尬了。

于欢与刘晓琪是同事，两个人刚认识不久。于欢性格外向，喜欢交朋友。一天下班的时候，于欢与刘晓琪一起走，于欢说自己就住在公司附近，让刘晓琪与她一起回去吃过饭再走。刘晓琪不好意思去，但是于欢生拉硬扯，最后刘晓琪只好答应。

到了于欢家里之后，于欢的男朋友正在客厅看电视，只穿了一件内衣。于欢和刘晓琪当时就非常尴尬，刘晓琪只是坐下喝了杯茶就赶快走了。

热情招呼别人不是错，但一定要注意，礼貌用语只是客套一下，不要过于热情。每个人都有自己的独立空间，作为普通朋友，适度热情即可。

打招呼是人际交往的第一步。善于打招呼的人能够很快就融入一个环境；不善于打招呼的人，则会处处碰到不方便，处处觉得尴尬。当你热情而恰当地和别人打招呼，即便对方还不知道你的名字，但一看见你的面容，听到你的声音，他们就会对你产生好感，你们之间也就会慢慢变得熟悉起来。一段时间之后，你身边的朋友会越来越多。

说话时尽量常用"我们"

我们平时讲话，很多时候"我"与"我们"这两个词可以通用，客观上来看，意思并没有太大的差别。但是，两个词给人的感觉是不一样的。"我"更多的是一种自我意识强烈的表现，说话人更多的是将自己与听众划分了界限。"我们"则带有一定的亲和力，说话者将自己与听众放在同一个立场上，代表的是双方共同的利益，因此更能得到认可。亨利·福特二世就曾说过："一个满口'我'的人，一个只会用'我'字、每时每刻说'我'的人，一定是一个不受欢迎的人。"

聪明的女人在说话时，就会尽量选择用"我们"代替"我"，她们这样的说话方式，让人感觉到非常亲近，觉得她们与自己是统一战线，因此，不自觉就会支持她们。善于用"我们"来做主语的人，就像是我们的伙伴一样，让人觉得很亲切，容易亲近。很多伟大的人物都具有号召力，他们善于用语言策略来让听众们认同他们并产生共同意识。他们善于用"我们""我们大家"来笼络人心。

俄国许多农民非常憎恨沙皇，十月革命胜利之后，一大群农民围在沙皇宫殿前，要求烧掉沙皇住过的宫殿，卫兵们和一些官员都难以说服他们。

过了一会儿，列宁来了。他登上高台，大声说："烧宫殿是对沙皇统治不满的发泄，我不反对。但是，烧之前，我们大家先来思考几个问题。"他顿了顿，接着说，"沙皇这么大的宫殿是谁建造的？"农民们回答："当然是我们建造的。"列宁满意地笑了笑，接着问："我们自己建造的宫殿，应该让我们自己住，不让沙皇住。现在，沙皇下台了，让我们自己的代表住好不好？"农民回答："好！"一个棘手的问题就这样被列宁轻易地解决了。

列宁用"我们"的字眼拉近了与农民们的心理距离，得到了农民的认可。他没有使用别的麻烦的手段，就这样用亲切的语言说服了愤怒的农民们。

有位心理学家曾做过一项有趣的实验。他让同一个人分别扮演专制型和民主型两个不同角色的领导者，而后调查人们对这两类领导者的观感。结果发现，采用民主型方式的领导者更能够凝聚人心，更能够在下属心中树立团队意识。而研究结果又指出，这些人使用"我们"这个名词的次数也最多。采用专制型方式的领导者，是使用"我"字频率最高的人，也是不受欢迎的领导者。

说话时，以"我们""大家"等字眼代替"我"，往往能消解陌生感，拉近自己与他人的距离。不过，在日常生活中，人们往往急于谈论自己。在与人沟通时，我们经常遇到这样的情形：有的人一打开话匣子就一再提到"我""我的"等以自我为中心的字眼，这往往会导致对方的反感。

一位年轻姑娘酷爱画画，在与一个同事初次见面时，天花乱坠地说了她对画的认识，说了好大一会儿后，她才微笑地说："我想了解一下你的情况，你喜欢画画吗？"听罢，这个姑娘的同事借口说还要赶着参加好友的生日聚会就走了。之后，这个同事也很少愿意和年轻姑娘说话。

这个年轻姑娘虽然可能没有说太多的"我"，但她的自我意识是隐形的，她一直在谈自己的事情，不关注对方，也就是说了无数的"我"，直到最后，才顾及对方。这样的说话方式，当然得不到对方的认同。

女性给人的感觉非常柔和，本身就很有亲和力，如果能够注意说话方式，多用"我们"，更能够得到周围人的认可，会让人觉得大气、可爱。因此，我们在说话时，就要注意运用"我们"，以此来制造彼此间的共同意识。这并不会给自己带来任何损失，反而会获得对方的好感。

林肯在指挥南北战争的时候，曾发表过一次著名的演讲，演讲中有这样一段话：

"我们正在进行一场伟大的内战，这场战争的胜负关系到我们整个国家，甚至可以说任何一个奉行民主自由的国家是否能够长久存在。很多烈士为我们共同的目标而献出了自己的生命，现在，我们聚集在此，就是为了把这个伟大战场的一部分奉献给他们，作为他们最后的安息之所。"

注意观察你会发现，演讲者演讲时常常使用"我们应该……""让我们……"等句式来表达；记者采访时也常常用"请问咱们这项工作……"或者"请问我们厂……"。这样说话能拉近与对方之间的距离，让人觉得温暖亲切，令对方心中产生一种参与意识，注意和认可你所说的话。

因此，会说话的女人总会避开"我"字，而用"我们"

开头。下面的几点建议可供借鉴。你可以用"我们"一词代替"我"，相对于"我"，"我们"更能让你和别人亲近，有助于你与其他人进行感情交流。例如，你想要在周末聚餐，你说："我觉得周末聚餐不错，有谁愿意去吗？"这句话就不如这样说效果好："这个周末天气不错，我们一起聚餐吧？"前者把自己孤立起来了，别人只能是跟着你聚餐，后一句话则是将大家当成一个整体，显然更让人接受。

另外，即便是语境需要，不得不用"我"字时，你也要以平缓的语调淡化自我感觉，应该把表述的重点放在事件的客观叙述上。另外说话的时候，尽量谦逊一点，语气不要强硬，说到"我"字的时候，尽量一掠而过，不要给人很突兀的感觉，要突出事，隐藏"我"。

现实生活中，每个人的内心或多或少都存在着"自我意识"，谁也不想让别人左右自己的思想，如果对方感觉到你试图改变他的想法，那么他内心就会产生抵抗心理，不愿意接受你的意识。因此，你只有让他感觉到你们是"同路人"，是"自己人"，才能消除他的心理防卫。在这方面"我们"起着很大的作用。"我们""大家"这些词有助于你和别人建立共同意识，会让对方感觉到他与你是同一战线的，别人对你产生了亲切之感，自然更愿意给你更多的支持。

学会说善意的谎言

都说"女人心，海底针"，确实是这样，女人心软，很多时候为了避免伤害到别人，总是会选择用谎言掩盖事实。这并不是不诚实，而是一种关怀他人的说话策略。我们提倡讲真话，提倡以诚待人，但是，真话难听，相对于无伤大雅的谎言，真话显得非常突兀，伤害也非常大。因此，我们在与人交流的时候，需要适当说一些谎言。以不伤害他人为目的，本着善意的原则，即使说了不符合事实的话，也不会为你的形象减分，相反，会让你更加受欢迎。

什么样的谎言算是善意的谎言呢？例如，老师告诉成绩不理想的学生："在同学们中间，你是最有潜力的，稍稍努力，就会取得很大的进步"；父母告诉自己的孩子，你脸上的伤疤是上帝的亲吻，让自己的孩子重拾信心，乐观开朗；医生和家属隐瞒绝症患者的病情，从而让他们在最后的时光里还可以满怀希望……

沙漠里的天气非常恶劣，原本晴空万里，可能突然就会发生麻烦。有一天，一架满载乘客的飞机在飞行过程中遇到了沙尘暴，不得不迫降到沙漠里。迫降还算成功，乘客们都没有受伤。

但是，飞机在迫降过程中受到了损伤，无法恢复起飞，飞机上的通信设备也损坏了。乘客们试图用自己携带的移动设备联系外界，但是都失败了。这样一来，乘客和驾驶员都陷于困境，没有办法请求救援。另外，飞机上的干粮和水十分有限，由于对存活的渴望，有人为了争夺有限的干粮和水而相互谩骂，甚至动起手来。情况变得非常糟糕，大家在争夺中会浪费体力，很多粮食和水也洒在了地上，再这样下去，大家就彻底没有希望了。

万分危急的时候，一个年轻的乘客站出来说："大家不要惊慌，我是飞机设计师，只要大家齐心协力、听我指挥，我就修好飞机，带大家离开这个鬼地方。"看到离开的希望之后，乘客们都停止了纷争，听从这个乘客的指挥。就这样，全体人员节省水和干粮，等待着那个乘客检修飞机。

几天之后，飞机还没有修好，但是，一支商队赶着骆驼经过这里，大家都得救了。

跟随商队到达安全地带后，这个乘客向大家坦白，他只是一个小学教师。有人知道真相后就骂他是个骗子，愤怒地责问他："飞机迫降之后，大家命都快保不住了，你居然还欺骗我们？"小学教师从容地笑笑说道："假如我当时不撒谎，我们能活到现在吗？"

那个小学教师说了谎话，但正是他的谎话，安定了乘客们的心，使大家团结一致，等到了救援。当谎言能够带给别人幸福和希望的时候，说出谎言就不再是一种可恶的行为了，而是变为理解、尊重和宽容。

有研究表明，女人撒谎偏向他人导向，倾向于替他人考虑；男人撒谎偏向自我导向，主要是为自己考虑。另外，女人撒谎容易附带情感，很多时候是一种感情行为。既然是出于为别人考虑的感情行为，那么只要出发点是善意的，就没有什么不妥。

在生活中我们也常常会时不时地撒些小谎，用来调节气氛或者是融洽关系。能够不损人又利己，说说谎又何妨呢？

例如，妻子回到家，不太会做菜的老公已经把晚餐预备好了。老公的手艺不佳，但是妻子看起来却吃得津津有味，而且边吃边赞："味道不错啊，进步还是明显的！"这时候，丈夫就会非常开心，从此做饭更加用心。

又例如，你的一个同事突然改变了装束，在同事走进办公室时，很多同事就会赞美道："哇，你今天真不错！看起来年轻了好多。"然后说话的同事里面有的还亲热地上前摸摸衣服的质地，从上到下打量一番。其实你的这位同事的这套衣服也并没有那么好，甚至是和她以前的衣服相近的，但是同事也会因为得到赞美而高兴起来，并对赞美她的人心生亲近。

需要注意的是，即使是善意的谎言，也要注意说出来的方式，否则，你说的谎即使出于善意，也会让人觉得你假惺惺的，是在讽刺人家。例如，你见到一个身高不高的人，不能俯视对方，然后说："你身高其实挺高的啊！"这样的话，要么让别人觉得你在讽刺人家，要么让人觉得你在间接夸自己，收到的效果必然都不会很好。

　　谎言要在一定程度上符合事实，不能很明显地睁着眼说瞎话。例如见到身高不是很高的女孩，那就夸人家可爱，或是皮肤白，总之找出一些看得过去的优点来说。

　　另外还要注意，即便是善意的谎言，也不要过量，满嘴谎话会透支你的信用。诚信是对别人的尊重和做人的原则，人们都喜欢言出必行的人。因此，即使是善意的谎言，也只能够偶尔为之。

　　总之，善意的谎言是为了避免对别人的伤害并且为你的形象加分的，要会说，要善于说。如果能够灵活恰当地运用善意的谎言，我们就更能够帮助别人提升信心，让别人开心，我们的人际关系也会更加和谐。

第四章

别让情绪失控害了你

别有事没事就玩点 "小伤感"

在恋爱时，眼泪是女人最致命的武器，可以让男人失去阵脚，妥协投降。但是这并不代表女人有事没事就可以玩点小伤感。

然而，如今还是有很多女人把黛玉式的病态、愁态、苦态理解为女人味。这种女人心中的世界很小，别人的一言一行一不小心就会触动她们敏感的神经，引发内心多愁善感的思绪，整个世界便没有欢乐可寻。这种女人总是不断地怀疑自己、否定自己，放大心中的焦虑与不安，尽管佛陀普度众生，但是也无法把她引出苦海。这种女人只看到愁苦，看不到喜悦，只注意灾难的隐患，而忽略了潜在的机遇和快乐的力量。

要知道，整天郁郁寡欢，女人就很容易变老。焦虑和紧张、忧愁都是慢性毒药，会一点点地侵蚀女人的容颜。

再说，生活中真有那么多值得感伤的事情吗？

林曦是一所名牌大学中文系的高才生，毕业之后在一家出版社做编辑，工作很顺利。但是她骨子里是一个多愁善感的文学青年，在大学期间就常发表一些心情文章，有的时候一次下雨都可以引起她大发春秋之悲。工作中，她还继续这一作风，整天为一些小事唉声叹气。愁眉苦脸的她周围总是围绕着一层阴云，让同事对她敬而远之。虽然她能力很强，但在单位被孤立的滋味并不好受，于是更加多愁善感了。最后，她自己无法承受被别人孤立的痛苦，辞职了。

生活中，或许会有很多磕磕碰碰，有一些小烦恼，但我们没有必要放大这些小问题，以此来显示自己的柔弱之美。像林曦这样多愁善感，让悲观的情绪影响大家，只会被别人厌弃，自己也活得不自在。

在竞争激烈的社会里，所有的人都在紧张地忙碌着，许多人并不知道自己为什么而忙。或许，我们担心在竞争的压力下会失去内心的安全感，于是，悲观的感叹油然而生。大方一些，只要我们学会微笑，一切都会烟消云散。没有什么东西能比一个阳光灿烂的微笑更能打动人的了。

不要总是让忧愁爬上你的脸，那样只会过早地增添你的皱纹，也让你的心渐渐疲倦。多一些简单的快乐，多一些微笑，于人于己都是好事。翘一翘你的嘴角，一个很自然的弧度，就能满满地承载你的小幸福。

怨恨让女人远离幸福

怨恨，就像一剂慢性毒药，慢慢地侵蚀我们的生活，甚至会慢慢改变一个女人的面容。善良宽容的女人经过岁月的沉淀，越来越温和、宁静，而总是心怀怨气的女人则越来越冷漠，越来越远离幸福。

有些人早晨睁开眼睛就开始发泄怨气了，谁也没招惹她，她就怨老天爷："天这么闷，怎么不下雨呢？夏天就应该有夏天的样子，不下雨算什么夏天？"下了雨，她又说："下雨做什么呢？做什么事情都不方便，这鬼天气，还真是不想让人好过……"不管是晴天还是雨天，这天气总是她的一块心病。其实不止天气，工作和生活中的不如意事那么多，让她心怀怨气的事情总是没完没了的。

可是，怨恨又有什么用呢？生活还是老样子，不会因为我们的怨恨而改变。只是有一些人养成了凡事都看不顺眼的习惯，不管看什么，都要说上几句，以发泄自己的情绪。他们利用抱怨，麻痹自己的心灵，甚至将自己的某些挫折、失误也归咎于外界的因素，寻求别人的同情。可是，生活对待每个人都是有苦也有甜的，同样的事情发生在别人的身上，就什么事情都没有，放在你的身上，就问题一大堆，这是为什么呢？

一位老人，每天都要坐在路边的椅子上，向开车经过镇上的人打招呼。有一天，他的孙女在他身旁，陪他聊天。这时有一位游客模样的陌生人在路边四处打听，看样子想找个地方住下来。

陌生人从老人身边走过，问道："请问大爷，住在这座城镇还不错吧？"

老人慢慢转过来回答："你原来住的城镇怎么样？"

陌生人说："在我原来住的地方，人人都很喜欢批评别人。邻居之间常说闲话，总之，那地方让人很不舒服。我真高兴能够离开，那不是个令人愉快的地方。"摇椅上的老人对陌生人说："那我得告诉你，其实这里也差不多。"

过了一会儿，一辆载着一家人的大车在老人旁边的加油站停下来加油。车子慢慢开进加油站，停在老先生和他孙女坐的地方。

这时，父亲从车上走下来，对老人说道："住在这市镇不错吧？"老人没有回答，又问道："你原来住的地方怎样？"父亲看着老人说："我原来住的城镇每个人都很亲切，人人都愿帮助邻居。无论去哪里，总会有人跟你打招呼，说谢谢。我真舍不得离开。"老人看着这位父亲，脸上露出和蔼的微笑："其实这里也差不多。"

车子开动了。那位父亲向老人说了声谢谢，驱车离开。等到那家人走远，孙女抬头问老人："爷爷，为什么你告诉第一个人这里很可怕，却告诉第二个人这里很好呢？"老人慈祥地看着孙女说："不管你搬到哪里，你都会带着自己的态度：你如果一直怨恨周围的人和环境，那么你的心中就充满了挑剔和不满，可是感恩的人，却能够看到人们的可爱和善良。我正是根据两个不同人的心理给出的答案啊！"

心态不同，看到的世界就会不同。如果一个女人的心中只有怨气，那么她的人生则是灰色的，她的目光只会为了生活中的不如意而停留，她的生活总会被烦恼占满，她的心里也会总是被沮丧和自卑充斥着。

不可否认，人生的确少不了磨难，生活的五味瓶里，除了甜，没有什么再是人们的向往，可偏偏酸咸苦辣是生活中不可或缺的，它们才真正丰富了我们的人生。人生需要苦难的洗礼，正是因为那些折磨过我们的人，我们才能在挫折中找到自己的不足，才能逐渐完善自己。

眼前的困难，不会成为你一辈子的障碍。所以，即使现在面临困境，也不要因为悲观而落泪，坚持一下，总会遇到自己的晴天。生命，是苦难与幸福的轮回。只要我们在逆境中也能坚持自己，再苦也能笑一笑，再委屈的事情，也能用博大的胸怀容纳，那么，人生就没有我们过不去的坎儿。

当我们走出生活的阴霾，用乐观的心重新打量这个世界的时候，我们就会发现，原来不是生活不美好，而是我们一直在怨恨中扭曲了自己。

不嫉妒他人的女人是天使

某大学曾经发生过一个悲惨的故事：一名生物系即将毕业的女研究生，用水果刀将自己的导师刺伤，随即举刀自尽。这位女生自小就有自卑心理，虽然在升学的道路上，她成绩优异、一帆风顺，但她孤僻而爱嫉妒的性格始终没有改变。在就读研究生时，她的刻苦精神深得导师器重，但导师更喜欢另一位女生灵活而幽默的性格。于是她妒火中烧，数次在导师面前中伤那位同学。导师明察之后，发现多数事情纯属子虚乌有，便委婉地批评了她。由此，该女生怒不可遏，干出蠢事。

女人的嫉妒是可怕的。有人说，女人的天敌还是女人。因为女人常常忍受不了其他女人的成功，只要对方有一些方面是强于自己的，那么就有可能会对她产生一种嫉妒之感。为了自己心理上的平衡感，她们可能会做出一些违反常规的事情。可是，为什么女人对待同性的嫉妒心理会这么强烈呢？

单纯地来看女性对于同类的嫉妒，我们就会发现，很多时候她们都是由一种身不由己的心态驱使的。与男人相比，女人要考虑的问题可能会多一些。她们常常要求自己完美，不允许自己有一点不足。所以，一个女人常常是将"精装版"的自己展现在别人的面前，为了维护自己的形象，她已经花费了全部的心思，浪费了几乎所有的精力。这个时候，她们的内心是渴望得到别人的肯定和赞扬的，就好像她们每个人都在努力学习一样，尽管成绩不是很好，但是希望别人对自己的努力给予肯定。这样的心态，让女人对别人的评价太过重视，是产生嫉妒心理的前提之一。

另外，女人都是排外的。即使是最好的朋友之间，她们也希望自己才是唯一的主角，其他人都成为自己的陪衬。可是，如果这样的期待没有实现，自己还成了别人的配角，这时候，女人的内心就如同经历了一次重大的打击，嫉妒之感由此而生。

嫉妒，可以说是女人的天性。生活中的她们，不可能时时刻刻都做到完美，面对比自己强的人，由于长久的羡慕或者各种感情的混杂会演化成一种嫉妒。可是，身为一个女人，应该怎样克制自己的嫉妒？

首先，对待自己的嫉妒，要摆正心态，"不以物喜，不以己悲"，要常常告诫自己：即使是嫉妒，也得不到对方的优势，没必要因为别人的好而让自己变得更加不好。

其次，洒脱面对同性的嫉妒，不要因为别人的种种心态就想改变自己。为了别人的嫉妒而改变自己是没有任何意义的。只要掌握了方法，就能控制自己烦忧的情绪，并且弱化别人的嫉妒。

知道如何克制自己的嫉妒之后，还应学会如何应付来自同性的嫉妒：

（1）把对方的嫉妒当成同情。别人嫉妒你，说明你在一些方面已经出类拔萃了。比如一些比你年老的人嫉妒你，说明到了一定的年纪，你也可能被年轻人赶超，这个时候，你就把她们的嫉妒当作对你的同情，因为以后你也可能会遭遇类似的事情。这样，你就不会觉得别人的嫉妒会刺痛你的神经了。

（2）把对方的嫉妒当成一种感谢。嫉妒你的人，可能会千方百计地找出你的不足，让你难堪。可是，这个过程恰好可以让你发现自己更多的不足，从而完善自己。所以，你完全可以将别人的嫉妒当成促进自己进步的阶梯。

（3）把利益也分给那些嫉妒你的人。有些女人天生喜欢嫉妒，也天生爱贪小便宜。如果能够分给她们一些利益，收买她们，那么她们就会弱化对你的敌意，从而可能成为你的朋友。

可见，每个人都可能遇到同性的嫉妒，但是它并不是一个无解的难题。只要能够掌握方法，洒脱面对，那么一切问题都能迎刃而解。

不嫉妒他人的女人是天使，宽容是另一种智慧。聪明的女人会把别人的优秀化作鞭策自己的力量，努力向更优秀的人学习，把她们作为自己前进的动力，这才是积极向上的正确做法。若因嫉妒产生偏激心理，存有自卑心态，终日妒火中烧，最终只能是引火自焚。女人不要再为别人的幸福而徒增烦恼、心存嫉妒了。好好经营自己的幸福，让嫉妒这个由虚荣滋长出来的毒苗消失在自己的乐观和豁达中。驱散心中的嫉妒魔鬼，才能让宽容天使在心中常驻，少一分嫉妒，多一分宽容，就在无形中积聚了自信的资本和力量。

平静、理智、克制

这一小节里，卡耐基告诉我们如何控制自己的情绪。

在我们身边，经常会看到一些这样的女士：她们脾气暴躁，为了一点点小事就会大发一顿脾气；倘若稍不如意，她们也会愤怒不已、火冒三丈。虽然女人不一定都像男人那样在发怒的时候大打出手，但还是很容易丧失理智，从而出言不逊，导致人际关系受到影响。当然，我知道，很多人在冲动地发怒之后都会觉得追悔莫及。

我理解女士们的心情，当你们遇到不公正的待遇或是受到什么委屈的时候，选择发脾气这种方法来宣泄的确是个不错的主意。然而，女士们有没有想过，这种方法能给你们带来什么？能够让问题得到解决，还是让对方一起和你分享快乐？我想两者都不是。你的这种做法只会换来别人的反感、厌恶甚至反抗。威尔逊总统曾经说："如果你是握紧一双拳头来见我的话，那么我绝对会为你准备一双握得更紧的拳头。可是，如果你是对我说：'我们还是坐下来好好谈谈，看看分歧究竟在哪儿？'那么我将会非常高兴地同意你的意见，而且我们也会发现彼此之间的距离并不很大，而且观点上也没那么大差异。其实，我们之间还是有很多地方存在共同语言的。"

很多女士往往把发脾气看成是人类的天性。的确，人是情感最丰富的动物，会根据他的判断对事物做出反应。因此，在一定程度上，我同意那些女士的看法。可是，女士们有没有想过，真正喜欢发脾气的是那些小孩子，因为他们的心智还不够成熟，克制力也不够强。也就是说，他们的人性的表现更加突出一些。可是，作为成年人，女士们应该拥有成熟的心理，也就是说能够做到平静、理智、克制。

曾经有一位女士对我说，她不认为我所谓的"平静、理智、克制"很重要，因为在当今的美国，那也是"懦弱"的代名词。如果她不能以愤怒来反抗一些事情的话，就不能给自己争取到一些合理的权利。事实果真如此吗？我不这么认为，因为我的朋友蒂斯娜女士就没有和她那个"吝啬"的房东发脾气，却达到了她的目的。

蒂斯娜女士住在纽约的一家公寓里。前段时间，她的经济状况出现了一点儿问题，而这时房东却突然提出要提高她的房租。老实说，蒂斯娜女士当时真的非常气愤，因为房东的行为的确有点"趁火打劫"的味道。不过，最后还是理智战胜了发热的头脑，蒂斯娜女士决定采用另一种方法来解决这个问题。她给房东写了一封信，内容是这样的：

亲爱的房东先生：

我知道，现在房地产的行情的确很紧张。因此，我能够理解您增长房租的做法。我们的合约马上就要到期了，那时我不得不选择立刻搬出去，因为涨钱后的房租对我来说有些难以接受。说真的，我不愿意搬，因为现在真的很难遇到像您这么好的房东。如果您能维持原来的租金的话，那么我很乐意继续住下去。这看起来似乎不可能，因为在此之前很多房客已经试过了，结果都以失败而告终。虽然他们对我说，房东是个很难缠的人，但我还是愿意把我在人际关系课程中所学到的知识运用一下，看看效果如何。

效果如何呢？那位房东在接到蒂斯娜的信以后，马上找到了她。蒂斯娜很热情地接待了房东，并且一直没有谈论房租是否过高的问题。蒂斯娜很高明，只是不断地在和房东强调，她是多么喜欢他的房子。同时，蒂斯娜还不停地称赞他，说他是一个深谙管理的房东，而且表示愿意继续住在这里。当然，蒂斯娜也没有忘记告诉房东，自己实在负担不起高额的房租。

很显然，那个房东从来没有从"房客"那里受到过如此之高的评价。他显得很激动，并开始抱怨那些房客无礼。因为在此之前，他曾经接到过14封信，每一封都是充满了恐吓、威胁、侮辱的词语。最后，在蒂斯娜女士提出要求之前，房东就主动提出要少收一点儿租金。蒂斯娜又提出希望能再少一点儿，结果房东马上就同意了。

后来，蒂斯娜在和我谈论起这件事的时候说："我真的很庆幸当时没有随便地乱发脾气。虽然那还不至于让我露宿街头，但确实会给我带来很多不必要的麻烦。"是的，女士们，这就是平静、理智、克制的好处。它能让你找到解决问题的最佳途径。

女士们，假如你的财产被别人破坏、你的人格受到别人的侮辱，那么你们会怎么办呢？我想，女士们一定会说："那还能怎么办？当然是做好一切准备，和那些可恶的家伙大干一场。"如果小洛克菲勒在1915年的时候也和你们一样的话，相信美国的工业史就要改写了。

那一年，小洛克菲勒还不过是科罗拉多州一个很不起眼的人物。当时，那个州爆发了美国工业史上最激烈的罢工，而且时间持续了两年之久。那些工人显然已经愤怒到了极点，要求小洛克菲勒所在的钢铁公司增加他们的薪水。同时，失去理智的工人开始破坏公司的财产，并将所有带有侮辱性的词语送给了小洛克菲勒。虽然政府已经派出军队镇压，而且还发生了流血事件，但罢工依然没有停止。

如果真的按照上面那些女士的想法去做，相信她们一定会要求政府严惩那些"暴徒"。可是，小洛克菲勒却没有。相反，他会见了那些罢工的工人，并且最后还赢得了很多人的支持。这一切都要归功于他的那篇感人肺腑的演讲。

在演讲中，小洛克菲勒非常平静，没有显出一点愤怒。他先是把自己放在工人朋友的位置上，接着又对工人的做法表示理解和同情。最后，小洛克菲勒表示，他愿意帮助工人们解决问题，而且他永远站在工人一方。

当然，他的演讲远没有这么简单，不过的确是一种化敌为友的好办法。相信，如果小洛克菲勒与工人们不停地争论，并且互相谩骂，或者是想出各种理由来证明公司没有错的话，结果一定会招来更加愤怒的暴行。

我的偶像，美国历史上最伟大的总统之一——亚伯拉罕·林肯曾经说："当一个人的内心充满怨恨的时候，就会对你产生十分恶劣的印象，那么即使你把所有基督教的理论都用上，也不可能说服他们。看看那些喜欢责骂人的父母、骄横暴虐的上司、挑剔唠叨的妻子，哪一个不是这样？我们应该清楚地认识到：最难改变的就是人的思想。但是，如果你能够克制住自己的愤怒，以冷静、温和、友善的态度去引导他们，那么成功的可能性将大很多。"

对林肯的观点我表示同意，而且我还给他找到了一条理论依据。有一句非常古老的格言："一滴蜂蜜要比一滴胆汁更容易招来远处的苍蝇。"对于人来说也是一样。我们想要解决问题，无非就是想要对方同意我们的观点。然而，你想获得别人的同意，首先就要做对方的朋友。你要让他们相信，你是最真诚的。那就像一滴蜂蜜灌入了他们的心田，而不是一滴腥臭的胆汁。

当还是一个小男孩的时候，我曾经从隔壁的泰勒叔叔那里借阅过《伊索寓言》，其中一则寓言给我的印象非常深刻，那是有关太阳和风的故事。

一天，太阳和风在一起讨论究竟谁更有威力。风显然很自信，高傲地说："我当然是最厉害的，因为所有人都害怕我的怒火。看到没有，我一定会用我的愤怒吹掉那个老人的外套。"于是，太阳躲到了云后面，而风则开始愤怒地吹起来。可是，虽然风已经很卖力气了，但老人却把大衣越裹越紧。最后，风终于放弃了，因为它觉得那是个坚强的老头，自己无法征服。这时，太阳从云后出来了，笑呵呵地看着老人。不久，老人就开始擦汗，脱掉了自己的外套。结果很显然，与冲动、偏激、不理智的愤怒比起来，温和友善的态度更有效。

能够做到平静、理智、克制不仅可以帮助你们妥善地解决所遇到的各种问题，而且对女士们的身心健康也是非常重要的。女士们回想一下，当你们想要爆发的时候，是不是有这样的感觉？你们会不会觉得心跳在加快、血压在上升，呼吸也变得急促起来？没错，这是由于交感神经过于兴奋引起的。洛杉矶家庭保健研究协会主席阿马尔·杜兰特曾经说："那些爱发脾气的人很容易患上高血压、冠心病等疾病。同时，情绪上太波动还会使人感觉食欲不振、消化不良，从而导致消化系统疾病。而对于那些已经患有这些疾病的人，发脾气也会使他们的病情更加恶化，严重的还会导致死亡。"

我不知道女士们是怎么想的，反正我看到这里的时候真的开始为自己担忧，因为我以前也曾经为了一点小事发脾气。不过幸运的是，我现在已经不会了，因为我现在已经有了一套很好的解决办法。

也许这些方法并不一定适合所有的女士，但是给女士们提供了一些建议。你们不妨把它当作蓝本，然后再结合自己的情况做出调整。我相信，做到平静、理智、克制并不是一件不可能的事。

丢掉理直气壮的想法

这是一个强调自我的时代，年轻人常常理直气壮地说："我的人生我开拓。""走自己的路，让别人去说吧！"

为此，他们可以"理直气壮"地在工作时与同事闲聊，然后在下班时准时回家，而把当天应该完成的工作丢到一边；可以"理直气壮"地盗用别人的劳动成果，面无愧色；可以"理直气壮"地随便发脾气，永远像一个长不大的孩子……

他们认为尊重自己的内心很重要，对别人尤其是长辈的观点总是持怀疑态度，认为长辈们的看法都很守旧、落后。他们对父母"你一定要争气，活出个样子给他们看看"的苦口婆心总是不屑一顾：我凭什么要为别人而活？凭什么要在意别人的看法？只要我认为该做的事情，我就去做，这才是真正的活着。

但这种想法很容易导致固执己见、一意孤行，从而让人做出愚蠢的事情。总是做一些不被他人认可的事情，很容易使自己的人生也不被别人认可，这是一件很危险的事情。

虽说人生就是要不断去尝试，跌倒了再爬起来，但如果你走的是一条大家都认为偏颇的路，又何必要固执地走下去呢？与其将来后悔，何不在做出决定之前多考虑一下别人的意见呢？

美国广告界巨擘乔安娜从小对文学痴迷，曾发誓要成为一位著名的作家。于是，高中毕业填报志愿时，她报考了文学系。

大学毕业后，她并没有马上找工作，而是开始为实现自己的文学理想而努力，整日埋头于文学创作，但辛苦创作的两部长篇小说却遭到了无情退稿。不过乔安娜并未因此灰心，她认为自己的小说之所以未被采用，是因为自己缺少生活积累。于是她借了一大笔钱，到各地旅游以增长见识，并写下了很多散文、随笔，但被编辑采用的仍然很少。

这时的乔安娜已是债台高筑、入不敷出，连维持基本的生计都很困难。亲友们劝她把文学创作当成业余爱好，好好找份工作，先解决吃饭问题要紧。乔安娜听从了亲友们的劝告。由于文学底子比较好，她很快被一家报社录用为记者。但由于她仍然对自己的文学创作念念不忘，工作常常出错，不久就被辞退了。

一年中她多次失业，她的作品质量也每况愈下，被采用的次数越来越少。

怎么办？乔安娜的情绪跌到了最低谷。进退两难中，母亲的一席话警醒了她。母亲说："你所爱好的，也许并不是你最擅长的，关键是要找一个你最擅长的事业……"乔安娜陷入了沉思。她开始明白，作家不是仅靠努力就能当的，成为一个作家要具备很多条件和相应的机会，最重要的是要有天赋，而这些自己目前并不具备。

乔安娜决定放弃当作家的念头，而开始从事广告文案写作。优秀的文字写作和组织能力使她在广告界崭露头角，很快她就成为全美最有名望的广告策划人。

试想，如果乔安娜为了自己的作家梦而理直气壮、一意孤行，不知道考虑亲友和母亲的意见，不认真反思自己的追求，恐怕她只能离成功越来越远吧？

"只是当时已惘然。"这样的悲剧不应该再发生了！

认识忧虑，抗拒忧虑

卡耐基认为，每个人的情况都是不同的，所以每个人的忧虑也都是各不相同的。就算是同一个人，处于不同时期，也会有不同的忧虑。因此，女士们要想让自己能够应对一切忧虑，那么就必须想办法认识忧虑的本质，从而抗拒忧虑。

从古至今，忧虑一直都是困扰人类的一个难题，因此很多古代学者也都在研究，希腊哲学家亚里士多德就是其中之一。他告诉人们，当面对忧虑的时候，一定要学会分析问题的方法，因为这可以帮助你们解决各种不同的忧虑。

女士们，这是非常有效的，如果我们不想再忍受忧虑的逼迫和折磨，不想再让自己生活在地狱之中，那么我们就必须行动起来。

我们先来看看弄清事实的真相。女士们可能会有疑问，为什么亚里士多德要将这一点放在第一的位置上？道理很简单，如果你连事实的真相都搞不清楚的话，那么你怎么可能会想出解决问题的明智方法？找不到事实的真相，那我们就相当于是在混乱中摸索。

不过，对这一点的认识并不是我发现的，而是哥伦比亚已故的教授哈勃特·赫基斯研究出来的。这位教授曾经帮助20多万名学生摆脱了忧虑的困扰。他曾经说过，世界上所有的忧虑差不多都是因为人们没有足够的知识去做决定而产生的。

在我和他聊天的过程中，他跟我说："戴尔，你知道吗？产生忧虑的主要原因就是混乱。我们打个比方，比如我有一个问题必须在下周二以前解决。那么，在到达规定时间以前，我是根本没有时间和精力去做任何决定的。在那段时间里，我所能做的只有集中全力去搜集和这个问题有关的事情。那时我不会被忧虑所困扰，因为我只是想着如何收集到更多的事情。如果在周二之前，我已经搞清了所有的事实，那么我就不会忧虑了，因为问题已经解决了。相反，如果我还没有搞清事实，那么恐怕我就该开始失眠、发愁和难过了。"

我点了点头，问赫基斯教授，这种做法是否可以让人们完全免受忧虑的侵扰。赫基斯也点了点头，说："是的，老实说，我现在真的一点儿也不忧虑。因为我发现，如果我们都能够以一种客观的、超然的态度去寻找事实的话，那么困扰我们的忧虑就一定会消失得无影无踪。"

的确，这是一个好办法。然而，大多数人却是怎么做的呢？人们往往不愿意多思考，只想通过各种投机的手段来达到目的。即使人们真的去思考了，却往往像猎狗一样寻找那些已经知道的事情，而忽略了其他重要的事情。我们所寻找的东西都必须符合一个标准：与我们的想法相同，符合我们对事物的偏见。安德烈·马若斯曾经指出："凡是那些和我们个人愿望相符合的东西，我们就会把它们看成真理。如果不符合，那么就一定会招致我们的愤怒。"

一切问题的答案找到了，怪不得我们总是很难找到问题的答案。举个例子来说，如果你在脑子里认定了1加1等于3的话，那么恐怕你连一个会做数学题的小学生都不如。道理虽然简单，但很多人实际上都一直坚信1加1就是等于3，或者是等于300。结果，把自己和别人的日子都搞得不好过。

女士们，你们现在有什么想法？是不是觉得应该马上想办法解决？的确，不能再迟疑了。我们首先应该把思想中的感情因素排除出去，就如赫基斯教授所说的那样，以一种超然的、客观的态度去查清事实的真相。

当然，我也承认，在女士们已经被忧虑困扰的时候，做到这一点是相当不容易的，因为那时候我们的情绪往往很激动。不过，我在赫基斯的基础上又做了进一步研究，找到了两个帮助女士们认清事实的方法：

（1）女士们不妨把自己假设为第三者，以别人的身份来进行事实搜集。这样一来，我们就可以让自己保持客观、超然的态度了，同时也有助于女士们克制自己的情绪。

（2）女士们可以把自己设置成对方律师的身份，然后再寻找和忧虑有关的事实。也就是说，女士们在搜集事实的时候也要搜集那些对你不利的，也就是和你希望相违背的或是你不愿意面对的事实。接着，你再把正反两方面的事实都写下来，这时你往往会发现，真相就在这一正一反之间。

上面就是我要说的弄清事实。的确，如果你不能搞清事实真相的话，那么就算你是科学家、伟人，美国最高法院也不会做出明智的决定。发明家爱迪生就十分懂得这个道理，因此人们在整理他所留下的2500个笔记本时发现，里面记满了他曾经面临的各种问题。

是不是把所有的事实都搞清楚就能认识忧虑了呢？不，女士们，这还远远不够。即使我们把世界上所有的事实都搜集过来，如果我们不对它们进行分析的话，恐怕也不会对我们有丝毫的帮助。

我曾经也受过忧虑的折磨，因此总结出了一套认清忧虑的好方法，下面为大家介绍一下。

你想过什么样的日子

你想过什么样的日子？决定权掌握在你手里，生活是自己成就的。

有的人总是不断地抱怨自己现在的生活。既然这样的生活不是你想要的，你为什么不去改变呢？为什么不跳出现在的生活方式，去选择自己想要的生活呢？但正是喜欢抱怨的女人，往往最害怕改变。她们觉得追求她们想要过的生活是一件有风险的事情，不如先保住现在所拥有的东西。她们安慰自己：这样慢慢地努力，生活总会好起来的。她们所谓的努力其实就是安于现状。

但生活如逆水行舟，不进则退。到头来，你会发现保持你原有的东西也变得很困难。而你只要再努力向前迈出一步，就至少不会落在别人身后。

为了你想过的生活，你不应该缩手缩脚，而应该勇于尝试生活的挑战。就像印第安人所说的那样：你的双脚应该迅如闪电，你的手臂应如万钧雷霆，你的灵魂应无所畏惧。

如果现在就没有改变生活的勇气，那么你要等到什么时候去改变？当惰性一点一点侵入你的体内，你会变得越来越被动。生命就这样被消磨，你甚至连审视自己的生活是否如意的时间也没有。

要做改变，就要从现在开始，趁着年轻。

多问问自己：我想过什么样的生活？然后写一个目标清单，把你要做的事列出来。

那些成功的女人，虽然她们的背景和历程各异，但有一点是相同的：她们都有自己的梦想，都是敢梦想并勇于实现自己梦想的人。

梦想是人生想要达到的最终目标，是人生的具体蓝图。如果你的梦想是过好日子，而你只是模模糊糊地拥有过幸福生活的愿望，却没有为自己制订具体的计划，梦想往往容易成为空想。

所以，一定要在脑中具体勾画自己的蓝图，包括每一个细节。当你有一个强烈的念头，愿意倾一生之力去实现、去完成时，赶快为它列一张清单，不要让自己的想法稍纵即逝。

请听听美丽女人格雷娜的故事，并像她那样把自己的梦想转化为切实可见的图像，那么你的梦想将不再遥不可及。

那时候的格雷娜刚刚经历了一场婚变，独自带着3个年幼的女儿生活，必须付房子和汽车的贷款。有一个晚上，她参加了一场座谈，听到一位先生演讲"想象力乘以V（Vividness，逼真）等于R（Reality，事实）"的原则。这位先生指出，心智以图像而非言语思考，当我们在心中逼真地刻画想要的东西时，这些东西就会变成事实。

这个概念在格雷娜的心中拨动了创造力的琴弦。她想到了《圣经》：上帝会赐给我们"心里所求的"，而且"因为他的心怎样思考，他的为人就是怎样"。

格雷娜觉得全身充满了力量，她下定决心要把自己所列出的祷告清单转化成图像。她剪旧杂志并搜集能描摹出"心里所求"的图画，装在一本昂贵的相册里，热切地期待着。

格雷娜的图画包括：

（1）一个俊男；

（2）一个穿婚纱的女子和一个穿燕尾服的男子；

（3）花束；

（4）漂亮的钻石、珠宝；

（5）一座岛屿，位于蓝得发亮的加勒比海上；

（6）甜蜜的家；

（7）新的家具；

（8）一个刚晋升为某大公司副总裁的女子。她当时正在找一个没有女性主管的公司，想成为这个公司第一个女副总裁。

大约8周后，格雷娜开车行驶在加州的一条公路上，脑海中全是早上10点半的那笔生意。突然间有一辆很体面的红色凯迪拉克从旁边经过。这辆车太漂亮了，格雷娜注视着这辆车。这时，开这辆车的人也在看着格雷娜，对她微笑。经常面带微笑的格雷娜对他回报了一个微笑。接下来的15里路，凯迪拉克的主人吉米开始追她。

一切像梦幻一般！开始交往后，格雷娜就发现吉米有一个嗜好就是喜欢搜集钻石，而且是大颗的！他希望能找人试戴，格雷娜当然是最好的人选。

大约是他们快结婚的前3个月，吉米对格雷娜说："我已经找到了度蜜月的好地点，我们要去加勒比海上的圣约翰岛。"格雷娜笑着回答："真是出乎我的意料！"

婚礼在加州的拉古那海滩举行，婚纱及燕尾服都变成了事实。就在完成"梦幻图画簿"的8个月之后，格雷娜成为公司人力资源部的副总裁。

就在结婚快一年的时候，他们搬进了豪华的新居，格雷娜用自己想象中的典雅家具来装潢自己的新居。而这时的吉米也刚好成为东岸一家知名的家具制造商在西岸的零售代理人。

就某种层面而言，这听起来像神话故事，但这一切都是真的。自从他们结婚以来，他们已完成了数本"梦幻图画簿"。

每天你和别人一样挤公共汽车去上班，和别人一样坐在办公室里，做着差不多同样的工作。但你想过10年以后你们的生活吗？10年后，这些看似和你一样的人，其中必定有人会成就一番大业；那些和你在一起工作过的姐妹，其中必定会有人过得与众不同。因为在这些人看似平凡的外表下，隐藏着不平凡的梦想。其实，只要你在生活中是个有心人，你现在也不难发现将来谁终究会有一个成功的人生。因为有梦想的人，他们的言行举止都会与同处境的人不同，他们的一举一动、一言一行都在表明他们具有成就美好人生的资质。心怀梦想的人，无论现在的处境多么艰难，他们都依然会咬着牙，事情该怎么做还怎么做，要过好日子的决心从未有过丝毫的动摇。

梦想与现实并不矛盾。梦想不是脱离现实的空想，梦想是建立在现实的基础上的，梦想让现实生活充满了动力和活力。

从现在起，在生活的各方面决定你想得到的东西，详细地勾画你想过的生活，并展开行动吧！

健康女人，平安快乐

阿里科谢·卡若厄博士是诺贝尔医学奖获得者，他曾经说过："一个商人如果不懂得如何抗拒忧虑，那么他一定会早死很多年。"其实，不只是商人，家庭主妇、职业妇女等都是一样的。这并不是凭空捏造的，因为有事实可以证明。

当谈起忧虑对人的影响时，医学博士德贝尔是这样说的："事实上，在我接触的所有病人中，有三分之二的病人只需要抗拒忧虑和恐惧就可以战胜疾病。我不是说他们没有病，他们有病，而且非常严重。不过，我在叙述时必须在那些病人所患的诸如胃溃疡、心脏病、失眠、头疼等疾病的前面加上'神经性'这个词。你知道吗？对疾病的恐惧会使你无比的忧虑，而忧虑又使你感到紧张，接着又影响你的胃部神经，然后你就得了胃溃疡。"

是的，不光是德贝尔博士这么认为，约瑟夫·蒙达德博士也在他的《神经性胃病》这本书中写道："并不是因为你吃了什么东西才导致你产生胃溃疡，实际上真正的病因是你在发愁什么事情。"

忧虑才是产生很多疾病的罪魁祸首。有关专家曾经指出：心脏病、高血压以及消化系统溃疡这三种疾病在很大程度上说都是由于忧虑的情绪所引起的。很多女士有上进心，或是说成野心，她们希望自己成功，或是希望在自己的帮助下使丈夫获得成功，这些想法本来都无可厚非。然而，她们对成功的渴望太强烈了，每天都让自己生活在忧虑之中。真的不明白，即使你成了全世界的女王那又代表什么呢？你不过是要每天吃三顿饭，然后晚上睡在一张床上而已。有许多普通的农妇，没有人知道她们是谁，可她们中却有许多人活到了88岁。

著名的精神学专家梅奥兄弟对外宣称，在他们治疗的病人中，有绝大部分人的精神是非常正常的。他们所谓的精神疾病其实是悲观的情绪以及那些烦躁、忧虑、恐惧等。

在2300多年前，所有的医生都没有意识到人的精神和肉体是统一的，应该合并治疗。如今，很多人已经发现了这一真理，并且开设了一门新的学科——心理生理学。的确，这门学科诞生得正是时候。因为长时间以来，人类已经消灭了很多由细菌引起的可怕疾病，比如天花、霍乱和各种传染病。可是，我们不得不遗憾地说，时至今日，人们还没有能力有效地治疗那些由忧虑引起的疾病，而且这种疾病给人类带来的灾难正在日益变大。

曾经有医生说，在"二战"期间，美国每六个妇女中就有一个人患有精神失常。天哪！是什么原因导致这种事情的发生？！虽然到现在也没有人能准确地说出原因，但有许多人认为很有可能是由于对现实的恐慌和忧虑造成的。当人们不能适应现实时，她们就会选择逃避，让自己生活在脑海中的世界里。

忧虑对健康的危害：

对你的心脏产生很坏的影响；

可能产生高血压；

会让你患上风湿病；

小心胃溃疡；

感冒也和忧虑有关；

甲状腺同样害怕忧虑；

糖尿病人都很容易产生忧虑。

最后，把上面的观点进行一下总结，那就是忧虑很可能要了你的命。女士们不必认为这是在夸夸其谈。

很多人一定不会相信忧虑的情绪会和关节炎有关，可事实上这却是真的。美国康奈尔大学的罗斯·萨斯尔博士是治疗关节炎的权威人士，他曾经说过："如果一个人的婚姻生活很不好，那么他就有可能患上关节炎；如果一个人经济上出现了问题，那么他也容易得关节炎；如果一个人长期感到寂寞、孤独、忧虑或是愤怒，那么他得关节炎的概率将是普通人的几十倍。"

罗斯·萨斯尔博士并没有骗我们。有一个女性朋友，身体一直都很健康。经济大萧条时期，她丈夫失去了工作，整个家庭都陷入了经济危机。祸不单行，煤气公司因为她家不交煤气费而切断了煤气，而银行也把她家作为抵押用的房子没收。这位太太受不了这种突如其来的打击，一下子就患上了关节炎。在那段时间里，尽管她尝试了各种手段，但都不见效。最后，直到大萧条结束，家里的经济改善之后才算完全康复。

在美国，心脏病已经成为威胁人类健康的头号杀手。第二次世界大战期间，美国大约有30多万人死于战场，却有200多万人死于心脏病。在这200多万人中，又有将近一半的人是由于忧虑而引发心脏病的。是的，如果不是这种原因，阿里科谢·卡若厄也不会说出那句话。

东方的中国人和生活在南方的美国黑人很少患有这种因忧虑而引起的心脏病，这是因为他们的传统文化告诉他们遇事一定要沉着冷静。有人做过统计，每年死于心脏病的医生要比农民多出20几倍，这是因为医生总是过着很紧张的生活。

很多人都认为全世界每年都会有很多人被可怕的传染病夺去生命，然而实际上每年死于自杀的人数要远远高于死于传染病的人数。造成这一可怕现象的根本原因就是忧虑。

在古代，如果一个将军想要让他的俘虏得到最残酷的惩罚，总是会把他们的手和脚全都捆起来，然后在他们的头顶上放一个不断滴水的袋子。水滴并没有杀伤力，它只不过是一滴一滴默默地向下落。开始的时候，那些水滴的声音还很小，但是几个昼夜之后，那些声音已经大得像是木槌敲击地面了。俘虏们受不了了，他们精神失常了，这的确是比死亡还要可怕的一件事。

忧虑就是那一滴滴的水珠，它不停地向下落着，慢慢地折磨着你的心灵，最后让你精神失常而选择自杀。

要想拥有健康的身体，你需要保持平常心，不要忧虑。只要拥有了克服忧虑的信心，就一定会让自己生活得快乐无忧，而那时你们也将会有一个健康的身体。

第五章

在职场更要玩转情商

魅力女人与高薪

1. 魅力让女人在职场走得更远

魅力和美丽是两个截然不同的概念。美丽肯定是一种魅力，但相貌平平的女人也能焕发出巨大的魅力。女人在职场就是如此。

美丽能够在一些特殊职业上带给女人很好的发展机会，比如演员、公关人员等。但是对于大多数的职业来说，对职业素质的要求总是在相貌之上的。当然，兼具美丽与职业素养，自然能够锦上添花，因为任何职业都不拒绝漂亮的女人。

不过你也不能因此而只注重美丽，职场需要的是你的能力。

另外，经验对薪酬也有很大影响，经验在很多时候能够提高人的学历，单纯的学历在职场上并不吃香。没有名牌学校的背景，只要你经验多、工作时间长同样可以取得可观的薪酬。

不同职位对于相关经验的时间要求各不相同。一般来说，本科以上学历是普遍要求。除此之外，高级管理人才需要有12年以上的相关工作经验，管理人才需要8年以上，而非管理人才则需要5年左右的时间。这些时间足以让一个人在自己的行业有所发现，而且这个工作时间段的人的薪酬普遍比较高。

美丽和名牌学历有相似的地方，那就是可以对你的职场生涯起到一个很好的开头作用。因为美丽，一些职业比如秘书等会优先录用你，可是任何公司或部门都不会是只重美丽或者学历的。

名牌大学师资力量强，教学质量高，培养出来的学生成才的可能性大。但这仅仅是一种可能性而已，名牌学校的毕业生并不是人人都能成才的。在招聘方深入了解录用对象之前，名牌有意义；在深入了解后，重要的是能力强弱、素质高低，是否是名校就不那么重要了。美丽的女人面对的也是这个问题。

所以女人要在职场走得更远，除注重你的美丽外，还需要发挥你的魅力，用你的细心弥补上司思考的不周，用你的柔情化解人事上的矛盾，用你的直觉判断做出正确的决策或者只是出一个点子，都会对你的未来起到很大作用。

2.魅力女人赢得高薪的技巧

在今天这个职场竞争异常激烈的社会，很多女性感叹工作难找，取得高薪就更难了。其实只要你掌握了职场赢得高薪的技巧，取得高薪也不难。

（1）选择业绩佳、前景好的公司。高薪来自公司的高绩效，所以你要先留意公司的体制，如组织决策流程、员工素质、核心技术等。但是，也不应只关心企业现在的业绩，更应关心影响整个企业乃至整个行业发展的因素。

（2）观察企业的领导人是否具备前瞻性眼光。好的领导就像动力十足的引擎，会为公司输入新的想法，创造和谐的工作环境。如果领导人具有开拓进取的精神，必定能为员工提供一个广阔的发展空间，薪金增长也自然水到渠成。

（3）让自己成为难以替代的人。物以稀为贵，职业也是一样。如果你做的工作人人都能做，你受重视的程度和薪金自然高不到哪儿去，如果你做的工作别人不能做或能做的人很少，拿高薪是顺理成章的。所以，职业女性应该时时注意企业的整体环境正发生哪些转变，并且思考在这样的转变中，企业急需具备什么技术或才能的员工，以便及早准备，提升自我价值。

（4）丰富自己的阅历。阅历丰富的通才，可以有效整合企业内高度分工的各项资源，形成综合效应。因此，女性要把握各种机会丰富自己的阅历，如参加项目规划、参加在职培训等，在学习的过程中尽心尽力，在潜移默化中提升自己的价值。

（5）具备团队协作精神。这几乎成为招聘方对求职者共同的、最基本的要求。可见合作协调在一个组织中的重要性，一个有序的组织应该是强调专业分工，但绝不能各自为政。在这种环境下，能够组合、协调本部门或部门之间的工作，发挥团队力量的佼佼者，高薪自然不在话下。

（6）目光长远。这一招不是什么实际的办法，而是提醒你追求高薪是你的目标，但目光远大的人不能将视线只停留在追逐高薪上。因为只有不断增加你的个人价值，才是你取得高薪的源源不断的动力。如果一味追求高薪，难免会舍本逐末。

与上司交往的艺术

在职场中，每一个职业女性都会有一个直接影响她事业、健康和情绪的上司。无论是男上司还是女上司，能否与他们和睦相处，对女性的身心健康、发展前途都有很大影响。那么，如何才能做到与上司和睦相处呢？

要掌握与上司相处的原则：

1. 了解上司的为人

如果你不了解上司的为人、喜好和个性，只顾埋头苦干，工作再怎么出色也不会得到上司的赏识和认同。上司欣赏的是能深刻地了解他，并知道他的愿望和情绪的下属。了解你的上司，不但可以减少相处过程中不必要的摩擦，还可以促进相互之间的沟通，为自己的晋升扫清障碍。

2. 注意等级差别

你与上司在公司的地位是不同的，上司不是你的朋友，他在乎他的权威和地位，他需要别人的承认。如果你的上司还有上司，你和他开玩笑，他会很没面子。就算他是你的朋友，在公司也最好把你们的关系界定为简单的上下级关系。

3. 忠诚

忠诚是上司对员工的第一要求。不要在上司面前搞小动作，你的上司能有今天的位置说明他绝非等闲之辈，你智商再高，手段再高明，在他面前也不过是班门弄斧。

4. 正确理解上司的意图

上司的不同命令的下达方式可能暗含着不同的目的，比如吩咐，即要求下属严格执行，不得另行提出建议及加上自己的判断；请托，给予下属若干自由空间，但大方向不得更改；征询，欲使下属产生强烈的意愿和责任感，对他极为青睐；暗示，面对能力强的下属，有意培养对方的能力。所以，当你接受一个任务时，一定要弄清上司的意图，不要辜负上司的美意，错失良机。

5. 不要委曲求全

因为工作被冤枉时，一定不要委曲求全，因为一方面你的"大度"可能掩盖了公司内部真正存在的问题，另一方面会让上司误解你的能力甚至是人品，你的沉默将使他对自己的判断更加深信不疑。既然于公于私都无益，那你还不如找机会解释清楚。

6. 不要在上司面前流泪

泪水容易给人造成这样的印象：她是柔弱的，她的承受力太差了。如果你在上司面前流眼泪，那么原先打算提拔你的上司，也可能会认为你不能胜任你的工作，而把机会让给其他人。

7. 及时完成工作

员工的天职就是工作。如果没有完成上司交给你的任务，不论有什么客观因素，也最好不要在上司面前解释，没有做好本职工作，任何理由都不是理由，因为上司关心的只是工作的结果。工作没做好，你的解释只会让他更加反感。如果确实是上司的安排有问题，你可以事后委婉地提出，但千万不要把它作为拖延工作的理由。

8. 小处不可随便

在上司面前，要注意自己的言谈举止和工作中的细节问题，越是随意的场合越要加以小心，正所谓"当事者无心，旁观者有意"。很多上司都信奉"见微知著"的四字箴言，认为这些生活中的细节很容易暴露一个人的秘密。比如文件的摆放可以看出你做事的条理性和缜密度，发言的声音大小说明了你的自信心如何，酒会上的行为是否得体体现了你的个人修养与自制力，等等。

9. 要有团队精神

任何一个上司都不会喜欢害群之马，因为是他所管理的团队给了他威严、权力和成就感。没有整个团队的成长，他的事业就失去了依托。所以不要只想着怎样讨上司喜欢，要和你的同事和睦相处，不要搞个人主义，团队意识是你成为一名优秀员工的最基本的要求。

要熟记赢得上司最佳印象的秘诀：

（1）说话谨慎。对工作中的机密必须守口如瓶。如果说话随便，说不该说的话，有意或无意地泄露秘密，将会给上司和自己的工作带来不便。

（2）苦中求乐。不管你接受的工作多么艰巨，你也要做好，千万别表现出你做不了或不知从何入手的样子。

（3）保持冷静。面对任何困难都能处之泰然的人，一开始就取得了优势。老板和客户不仅钦佩那些面对危机不变声色的人，更欣赏那些能妥善解决问题的人。

（4）善于学习。要想成为一个事业成功的人，不断学习、充实自己的知识是必要的。既要学习专业知识，也要不断拓宽自己的知识面，往往一些看似无关的知识会对你的工作起到很大作用。

（5）切勿对未来预期太乐观。千万别期盼所有的事情都会照你的计划发展。相反，你得时时为可能发生的错误做准备。

做一个幽默的"魅力女主管"

幽默作为一种激励艺术，在公司的日常经营管理中有着重要的作用。调查显示，许多下属心目中理想的主管形象是：富有幽默感，善于调节与下属、客户之间沟通的气氛，可以让大家在轻松的氛围中工作。要做到这一点很不容易，但是作为一位受下属欢迎的主管，尤其是女主管，非常有必要了解如何运用幽默的智慧。

这也是很多满怀抱负的职业女性万万想不到的事情，阻碍她们成功的最大因素竟是她们视为禁忌的"幽默感"。她们不知道掩埋了幽默感，就等于没有了个人风格，最吸引人的神秘力量也因此丧失了。因此，女性也应摘下严肃的"面具"，恢复轻松自在的女性特质，并且学习保持幽默的态度，时时展现出胜人一筹的风度。

1. 幽默在管理中的作用

在工作中幽默能带来一些积极结果。作为主管，你的幽默越有效，积极的结果就越有可能会来到。

（1）幽默可以增加工作的满意度和投入程度。在工作中表现出更多积极有益的幽默，比如说，讲笑话和想方设法让别人笑的人在心理健康、工作满意度和投入程度方面的评价更高。同样，这些人也不太可能辞职。富有个人魅力的主管通过树立运用有效幽默的榜样，能帮助下属取得积极的结果。

（2）幽默是消除矛盾的强有力手段。当两个人或两个部门相互之间有冲突时，老练的主管会讲一些幽默的话，从而有助于消除双方的分歧。

（3）幽默会减轻紧张情绪。纵情大笑是身体上的放松，因为它使肌肉紧张，然后又放松。纵情大笑也非常像身体锻炼，它可以减轻工作上的压力和相伴随的紧张感，因为大笑会释放出内啡肽——那些荷尔蒙会导致一种放松和更强警觉的状态。如果你产生了一种让大家释放内啡肽的效果，你的魅力将会激增。

（4） 在工作中有效运用幽默能提高生产力。因为幽默有助于下属放松紧张的情绪，而且当他们放松时，他们的工作效率会更高。

（5）幽默可以使大家团结在一起，并且有助于更好地对付困难的工作。

（6）幽默非常有助于促进人际关系的改善。起润滑作用的幽默可以促进人际关系的和谐并且减轻工作中的紧张感。幽默能使员工相互之间的关系融洽，而且它还是有魅力的个人更为偏爱的一种幽默。相反，伤人感情的幽默会刺激相互之间的关系。起润滑作用的幽默是有助于人在部门中感到舒适自在的一种极佳手段。

（7）恰当形式的幽默有助于人摆脱逆境。在下属遇到困难时，作为主管的你及时运用 些恰当的幽默，鼓励他（她）调整心态，积极面对困难，一定会收到很好的效果。

（8）运用幽默可以让下属缓解紧张的情绪，有助于下属快速处理问题。

（9）以逗人发笑的方式，通过对想法进行反复琢磨的形式表现出来的幽默能促进创新。幽默是智力刺激因素的来源，因为不得不绞尽脑汁去寻找深深植于工作环境中的令人感到有趣的成分。

2. 培养自己的幽默感

幽默，是智慧的艺术。当然，幽默不是天生的，也不是一蹴而就的。要想做一个幽默的女主管，坚持以下几点就可以见效。

（1）博览群书，拓宽自己的知识面。知识积累得多了，知识面广了，与各种人在各种场合接触就会胸有成竹、从容自如。

（2）培养高尚的情趣和乐观的信念。一个心胸狭窄、思想消极的女主管是不会有幽默感的。幽默属于那些心胸开阔、对生活充满热情的人。

（3）有意识地训练自己对事物的反应和应变能力。

（4）提高观察力和想象力，要善于运用联想和比喻。

（5）多参加社会活动，多接触形形色色的人，增强社会交往能力，也能增强自己的幽默感。

总之，幽默是一种优美的、健康的品质，恰到好处的幽默更是智慧的体现，当你掌握了幽默这门社会交往的艺术时，你会发现与下属沟通不再是一件困难的事情，而且你的下属还会被你的魅力所吸引，被你的宽广胸怀所感动，进而敬佩你，最后真正接受你、服从你。善于幽默的主管，大多能把幽默的力量运用得十分自如、真实而自然。由此，当主管开玩笑时，下属们不会感到不伦不类或是哗众取宠，而是快乐。因此如果你想成为一位富有魅力的主管，不妨多些幽默。

育后女性速入职场有绝招

作为职业女性的你刚刚生完孩子，身份自然又多了一重，面对的问题也更多了，但你对工作的热情丝毫未减，并不想放弃原有的工作，你已经把生理和心理的状态都调整到了最佳，准备重新投入到自己的岗位，大干一场。却发现你的上司和同事都投来了怀疑的目光，似乎断定你在产后已经把精力的重心放在了家庭和小宝宝身上，你已经不可能像以前那样拼命工作了，也不会有太高的工作热情了，心里想的都是自己的宝宝，只想着应付完工作赶快回家。

如果你的老板亲切地告诉你在不影响工作的前提下可以回家照顾孩子，或者某些工作可以在家里完成。你可能觉得很轻松，可以既不耽误工作，也不妨碍照顾宝宝。

可是，时间长了，你会发现很多事情已经悄悄改变了。虽然你的工作和从前一样努力和出色，但原本应该你去参加的重要活动却换了别人，年终奖金你也比其他人少，升职的问题上司再也没有跟你提起过。

问题的症结就在于你已经不知不觉地进入"妈妈地带"了，虽然你依旧勤奋又能干，但在同事和上司的眼里，你已经被划归到只关注孩子和家庭的妈妈范畴。所以，你的当务之急是改变自己的形象，改变别人对你的印象和看法，重新塑造自己优秀职业女性的形象。

1. 用新技术让自己发光

一般的电话答录机都会自动记录来电的时间，你可以利用电话答录机来向他人展现你的工作激情和效率。"我通常会在早晨的工作开始之前先打几个重要的电话，这样客户会一上班就首先能听到我的声音。"做销售的季然说。

李贝的老板最喜欢加班的员工，所以李贝对自己的电子邮箱做了设置，推迟了给老板发送邮件的时间。而她的一个朋友则买了一个功能齐备的手机，在上下班的路上也可以随时收发邮件，以及完成许多需要联络的事情。

2. 给自己创造一个绝对职业的工作环境

与客户见面拿名片的时候是否掉出来孩子的照片？胸前是否可以看到隐约的奶渍？文件夹的封皮是否被孩子的蜡笔画过？这些事情都会让人觉得你不够职业。

所以，要想让上司和同事以及客户对你有好印象，一定要把工作和居家的感觉严格区分开。你可以在办公桌上放一张孩子的照片，但一定不要在包里留着他（她）的奶嘴。对孩子的教育也很重要，一定要让他们明确地知道，妈妈的办公用品是绝对不可以随便碰的。

3. 让你的话职业起来

在工作中，要注意你说话的方式方法，小心斟酌你的用词，使用那些可以强调你职业形象的话。让人觉得你不是"请假回家"，而是"在家工作"。不能说"不能参加下午的会了，因为要去给孩子开家长会"，要说"对不起，我下午已经约了客户"。

4. 坚持逛街的好习惯

你有了孩子之后，也就可能无法像从前一样有充足的时间、精力和金钱来给自己购买衣服了。你还会发现自己的着装还是停留在几年前的款式和风格上。所以，就像一位职业咨询顾问说的那样："如果你已经想不起来上次买新衣服是什么时候，那么说明你的形象已经被你忽略了。"而这造成的后果就是别人会认为你只是个操心的妈妈，而不是职业女性了。

职场压力调节法

对于职业女性来说，她们所面临的压力会比男性更多。尤其是如果你结了婚，有了孩子，你的压力就会更大。要应付这些压力，职业女性就必须具备良好的身体素质和健康的心态，还要有能力控制好情绪，为自己和他人增添能量。

缓解生活中和工作中的压力，对职场中的女性有着特别重要的意义。巧妙缓解、调节压力，能让你轻松度过每一天。

从身体方面来调节压力

这方面主要强调的是持之以恒地运动，特别是做"有氧运动"。例如，游泳、跳绳、骑自行车、慢跑、急步行走与爬山等。这些运动不仅能够让血液循环系统运作更加顺畅，还能够强化心肺的功能，直接增强肾上腺素的分泌，让整个身体的免疫系统强大起来，从而以更健康的体质去应对生活和工作中随时可能出现的各种压力。

为什么洛克菲勒、卡耐基、拿破仑·希尔等超级富翁都酷爱运动？原因就在于此。事实上，身体肌肉的运动，能够让你全身心都得到松弛，并让你的大脑有一个适当的休息机会。只有强健的身体，才是成功的能源。所以，在工作之余，你不妨做些运动来调节一下身心的压力。

1. 韵律呼吸法

最简单、最快捷的松弛方法就是适当地呼吸。精神病学家指出，当一个人精神紧张时，他就会不自觉地改变呼吸的方式，从而增加了压力的严重程度。下面教你一种韵律呼吸法：合上双眼，将精神集中于右鼻孔所呼出及吸进的空气，然后再集中左鼻孔的空气呼吸，每日反复数次，你会立即感到心平气和，富有韵律的轻松感觉就像浪涛拍岸。

2. 有氧运动

有氧运动是消除压力最全面、有效的方法，无论哪种有氧运动都很有效，例如慢跑、骑自行车、跳舞等，都有异曲同工之妙，你甚至不用使自己汗流浃背，就能收到松弛的效果。

3. 彻底放松一段时间

对职业女性来说，必要的放松绝对重要。就一天而言，你可以在经过一上午的繁忙工作后，来一段小小的午休。当然躺在床上呼呼大睡的愿望有点奢侈，而且也没有必要。你可以靠在椅背上，把双脚稍稍垫高，在脸上盖一张报纸，既可挡光，又可告知同事：午休时间，请勿打扰。这样的午休只要一刻钟就可保证你有个精力充沛的下午。

4. 收拾凌乱的东西

当你的家或办公室乱得一团糟时，你的工作也可能会变得拖沓、无精打采，你要尝试用一张清单列出应优先处理的事情，并按部就班去处理，如将文件与杂物分开，按类归档，需要回复的信件马上回复，只需十几分钟，一切就会变得井井有条。周末逛逛街，和朋友小聚聊聊天，或放下手头一切工作，去遥远的地方做一次旅行，都会让你备感放松。

从心理方面来调节压力

心理学家视个人的情况而给予的个别指导和心理治疗，是个人应付压力的最佳方法。但他们也赞成利用有效的自助法来排除压力，例如正视压力、强调自己的成就、听音乐等。

1. 正视压力

（1）首先认定自己是处于压力之下，然后把它冻结。

（2）将你的注意力从起伏的情绪转移到你胸部，将你的能量集中于此约10分钟。

（3）回忆一些愉快而难忘的事。

（4）让自己的心能更宽容体谅，凭直觉对抗压力。

（5）聆听自己内心的想法，自会找出解决方法。

2. 学习说"不"

学习说"不"有时候比做一个小时健身来得有效，尤其是惯于逆来顺受的女性，更应学会对自己不喜欢的事做出适当的拒绝，起初也许会感到不习惯，但结果会是相当理想的。

3. 强调自己的成就

正面而积极的心态也可减低紧张的程度。与其常常想着令自己不快的事，不如想想自己已取得的成就，同时别忘了称赞自己。

4. 用音乐调节情绪

听音乐也是一种能有效消耗身体能量、调节压力和改善情绪低落的方法。很多种音乐都可以缓解压力，选择的准则便要视个人喜好了。

5. 倾诉

密友对于女性来说，当然不可或缺，闲暇时可以和好朋友相互交流工作心得、家庭琐事以及生活中的种种问题。很多的烦恼或担忧，只要说出来往往心情就好了一大半。当然，倾诉对象也可能是难得的"蓝颜知己"，如果是年长许多的"忘年交"，那就更难得了，可以从对方那里得到很多宝贵的经验。

处理好办公室的人际关系

办公室就是个小社会，不像在学校或家里那么单纯，每天待在办公室的人很少能感觉到做人的轻松与悠闲，职场中充满了竞争。

办公室的"白金法则"

1. 注意倾听

每个人都有这样的冲动，就是要向别人展示你是如何与他们的思路契合。但是，假如你真的与他们的想法一致，那么你就该知道，人们大多都喜欢听自己说话。哪怕把同样一件事情用不同的方式讲5遍，人们似乎都不会感到厌倦。所以，你应该学会耐心倾听，让他们一偿"夙愿"。只要不时简单地发出"嗯"或"对"就可以了。你将会被大家称赞是个不只会听人说话，而且还了解别人的人。

2. 适时沉默

有时候，你会发现自己身处颇为微妙的境况。当两个或更多的人因为矛盾几乎就要起言语冲突时，你刚好就在现场。表面上看，他们似乎是在争论有关工作上的小事。但是，实际上是这两个人根本就彼此讨厌。所以，此时你一定要克服你想插嘴劝架的渴望，紧紧地闭上你的嘴巴。基本上，在当时无论你说什么都是错的，不是因为你身份不够或是缺乏解决方案或社交技巧，而是因为没有人会在这时候喜欢有人插手。在这个多变的人际关系的化学反应中，最好等到酸碱完全中和酸碱值回到正常时再有所"动作"。

3. 忌兴风作浪

在办公室里一定要耐住性子，别去掺和与自己无关的事，更不能兴风作浪、推波助澜，否则会招来不必要的麻烦。虽然有时会有意外，但是不能冒着被"呛水"的危险去"游泳"。

同事之间相处的艺术

在办公室里，能否处理好与同事的关系，会直接影响你的工作。建立良好的人际关系，得到大家的喜爱和尊重，无疑会对自己的生存和发展有很大的帮助，而且愉快的工作氛围，可以让人忘记工作的单调和疲倦，从而提高工作效率。这就需要你掌握好与同事相处的艺术。

1. 直接向上司陈述你的意见

在工作中，每个人考虑问题的角度和处理的方式难免有差异，对上司所做出的一些决定有看法或意见也属正常，但切记不可到处宣泄，否则经过几个人的传话以后，即使你说的话有道理也会变调变味，传到上司的耳朵里时，便成了让他生气和难堪的话，难免会对你产生不好的看法。所以最好是在恰当的时候直接找上司，向其陈述你自己的意见，当然要根据上司的脾气性格用其能接受的语言表述。作为上司，他感受到你对他的尊重和信任，对你也会另眼相看，这比你到处发牢骚好多了。

2.乐于从老同事那里吸取经验

在办公室里，那些比你先来的同事，比你积累了更多的经验，有机会不妨向他们请教，从他们的经验里寻找可以借鉴的地方，这样不仅可以帮助自己少走弯路，更会让公司的前辈们感到你对他们的尊重。尤其是那些资历比你长，但其他方面比你弱一些的同事，会有更多的感动，而那些能力强的同事，则会认为你善于进取，便会乐于关照并提携你。

3.让乐观和幽默使自己变得可爱

即使你从事的工作单调乏味或是较为艰苦，也千万不要让自己变得灰心丧气，更不要与其他同事在一起抱怨，而要保持乐观的心境，让自己变得幽默起来。因为乐观和幽默可以消除同事之间的敌意，更能营造一种和谐亲近的人际氛围，有助于你自己和他人变得轻松，从而消除了工作中的乏味和劳累，最为重要的是，在大家眼里你的形象会变得可爱，容易让人亲近。当然，幽默要注意把握分寸，分清场合，否则会招人厌烦。

4.帮助新同事

新同事对手上的工作和公司环境还不熟悉，很想得到大家的指点，但是有时由于和同事不熟，不好意思向人请教。这时，如果你主动去关心帮助他们，在他们最需要得到关心和帮助之时伸出援助之手，往往会让他们铭记于心，打心眼里深深地感激你，并且会在今后的工作中更主动地配合和帮助你。

5. 适度赞美，不搬弄是非

若想获得同事的好感，适度的赞美是必要的，如"你今天的唇膏颜色真漂亮"，在无形中让同事增加了对你的好感。但切记不要盲目赞美或过分赞美，这样容易有谄媚之嫌。同时，切忌对同事评头论足、搬弄是非，要尊重个人的权利和隐私。如果你超越了自己身份的话，很容易引起同事的反感。

办公室女性的"三忌"

1. 忌在办公室搔首弄姿

因为人只有先自尊，别人才会尊重你。对于办公室女性来讲，自尊是非常重要的。

女性在与上级相处的过程中，"自尊"的含义包括以下几点：

（1）独立自主。靠自己的本事吃饭是最长久、最保险的。正确处理上下级关系，只是为了使自己拥有一个较好的工作环境，从而使自己的才能得到充分发挥，成绩受到肯定，而并非是献媚于领导，不劳而获或额外得到更多的好处。

女性较之男性要有更多的依赖性，这是由女人的天性决定的。但依赖是有限度的，不能完全地依赖别人。另外，依赖还应该是有原则的，不能盲目地依赖、丧失尊严地依赖。否则，就别想挺直腰杆做人。对于这种不想付出劳动只想收获的人，领导是不会喜欢的。

（2）不贪婪、不虚荣。女性如果能够恪守原则、洁身自好，不贪图安逸和虚荣，那么她就能抵制权力的诱惑。

自尊会使你头脑冷静、心情平静，不为眼前繁华一时的物欲所迷惑。

（3）珍惜和爱护自己的名誉。人的名誉是无价的。有钱买不来，失去了便再也难找回来。对于女性来说，名誉尤其重要。

如果办公室女性在与上司相处中能够珍惜和爱护自己的名誉，就会保持头脑冷静，抵制诱惑，不会逾越正常的上下级关系，不会违背自己做人的准则。

同时，女性还应注意自己的言行，不说过头的话，不做不合时宜的事，时刻注意保持言行的稳重、仪态的端庄，避免给人留下轻浮的印象。

2. 忌在领导面前献殷勤

尊重领导，认真执行领导的指令，这都是对的。但不要在领导面前献殷勤，溜须拍马。虽然你讨好领导与同事没有直接的利害关系，但一般情况下同事都是很反感的。

3. 忌在办公室散布流言

办公室中经常有这样一些人：他们到处散布别人的流言蜚语，搬弄是非。对他们来说也许只是没事磨磨牙，或者增加一点儿茶余饭后的谈资，但他们的言辞却对别人产生了很大的影响。

真诚地赞赏、喜欢他人

每个人，当然包括男人和女人，都希望自己受到别人的重视。尤其是男人，他们更希望能够引起女性的重视，更希望从女性那里获得满足这种"希望具有重要性"的感受。作为一名女性，如果你想与别人相处得十分融洽，如果你想成为一个受欢迎的人，那么你首先要做的就是满足他们这种"希望具有重要性"的心理，而你最好的选择就是真诚地赞赏他们。

你能否真诚地去赞赏那些男士直接关系到你是否能找到一个称心如意的伴侣或是拥有一个美满幸福的家庭。所以当你和你的男友或是丈夫相处时，如果你想让你们彼此都拥有幸福的美好感觉，那么你最应该做的就是去真诚地赞赏他们。不过，你能够真诚地去赞美他们的前提则是必须真心地喜欢他们。

在历史上像这样的例子数不胜数。乔治·华盛顿，美国第一任总统，他最高兴的就是有人当面称呼他为"美国总统阁下"；哥伦布，这个发现美洲的航海家，他曾经要求女王赐予他"舰队总司令"的头衔；雨果，伟大的作家，他最热衷的莫过于希望有朝一日巴黎市能改名为雨果市；就连最著名的莎士比亚也总是想尽办法给自己的家族谋得一枚能够象征荣誉的徽章。

之所以列举了这些成功男士的例子，无非是想告诉各位女士，一个成功的男人虽然已经获得了很多的东西，但他们永远不会对那美妙的赞美声产生厌倦。因此，如果你想成为男人眼中最善解人意、最迷人、最美丽的女性，那么你最好的选择就是去真诚地赞赏他。

当然，女性在生活中接触更多的可能还是同性朋友。而女人对这种赞美声的渴望绝不亚于男人，而且还更甚。

一个朋友的妻子参加了一种自我训练与提高的课程。回到家后，她急切地对丈夫说："亲爱的，我想让你给我提出6项事项，而这6项事项能够让我变得更加理想。"

"天哪！这个要求简直让我太吃惊了。"她的丈夫这样说，"坦白说，如果想让我列举出所谓的能让她变理想的事情，这简直再简单不过了，可是天知道，我的太太很有可能会紧接着给我列出成百上千个希望我变得更好的事项。我没有按照她说的那样做，当时我只是对她说：'还是让我想想吧，明天早上我会给你答案的。'

"第二天我起了个大早，给花店打电话，要他们给我送来6朵火红的玫瑰花。我在每一朵玫瑰花上都附上了一张字条，上面写着：'我真的想不出有哪6件事应该提出来，我最喜欢的就是你现在的样子。'你肯定会猜到了事情的结果，就在我傍晚回家的时候，我太太几乎是含着热泪在家门口等我回家。我觉得不需要再解释了，我真庆幸自己当初没有照她的要求趁机批评她一顿。事后，她把这件事告诉给了所有听课的女士，很多女士都走过来对我说：'不能否认，这是我所听到过的最善解人意的话了。'从那一刻起，我认识到了喜欢和赞赏他人的力量。"

如果当初这位先生选择了给妻子提出6件事，而并不是由衷地赞赏她的话，等待他的恐怕就是妻子那成百上千件的不满之事以及无休止的争吵。

女人就是这样，她们总是希望能够得到他人的赞赏，得到别人的重视，尽管她们做得并不够好。相信各位女士经常会在心里佩服其他的女性，却很少把这种心情表达出来。"挑剔"似乎是上帝赐予女人的特权，因此女人对她身边的人总是很不满意。她们认为，身边的人做得还远远不够，至少还没有做到能够让她赞赏的那个地步。

成功人士大都会对他人表示赞赏，查理·夏布和安德鲁·卡内基就是这样做的。

1921年，安德鲁·卡内基提名年仅38岁的查理·夏布为新成立的"美国钢铁公司"第一任总裁，使得夏布成了全美少数年收入超过百万美元的商人。

有人会问，为什么卡内基愿意每年花100万美元聘请夏布？难道他真的是钢铁界的奇才？夏布说，其实在他手下工作的很多人对于钢铁制造要比他懂得多得多。接着，夏布又说，他之所以能够取得这样的成绩，主要是因为他非常善于处理和管理人事。他的经验是：

赞赏和鼓励是促使人将自身能力发挥到极限的最好办法。

如果说我喜欢什么，那就是真诚、慷慨地赞美他人。

这两句话是夏布成功的秘诀，而事实上，他的老板安德鲁·卡内基也是凭借这一秘诀获得成功的。夏布说，卡内基先生十分懂得在什么时候称赞别人。他经常在公共场合对别人大加赞扬，当然在私底下也是如此。

应该说，真诚地赞赏和喜欢他人，是女士处理人际关系最好的润滑剂。

在人际交往的过程中，我们接触的是人，是那些渴望被人赞赏的人。应该说，给他人欢乐，是人类最合情也是最合理的美德。因为伤害别人既不能改变他们，也不能使他们得到鼓舞。

在美国，因精神疾病导致的伤害要比其他疾病的总和还要多。按照我们的推测，精神异常往往是由各种疾病或外在创伤引起的。但是，有一个令人震惊的事实是，实际上有一半精神异常的人其脑部器官是完全正常的。

一家著名精神病院的主治医师指出，很多时候人之所以会精神失常，是因为他们在现实生活中得不到"被肯定"的感觉，因此他们要去另外一个世界寻找这种感觉。

他讲了一个例子。

他有一个女病人，是那种生活比较悲惨的人，她的婚姻非常不幸。她一直渴望着被爱，渴望得到性的满足，渴望拥有一个孩子，渴望能够获得较高的社会地位。然而，现实摧毁了她所有的希望。她的丈夫不爱她，从来没有对她说过一句赞美的话，甚至于都不愿意和她一起用餐。这个可怜的女人没有爱、没有孩子，更没有社会地位，最后她疯了。

不过，在另一个世界里，她和贵族结婚了，而且每天都会生下一个小宝宝。说到这儿的时候，那位医师说："坦白地说，即使我能够治好她的病，我也并不会去做，因为现在的她，比以前快乐多了。"

如果当初她的丈夫能够喜欢和赞赏她的话，如果当初她身边的人能够真诚地赞赏她的话，那么她根本不会疯。因为能够在现实生活中得到的东西，就没有必要去另一个世界寻找。

人的生命只有一次，任何能够贡献出来的好的东西和善的行为，我们都应现在就去做，因为生命只有一次。

你和我没有什么不一样，男人和女人也没有什么不一样。因此，女士们，请你们一定要记住，待人处世最重要的一点就是发自内心地、由衷地、真诚地赞赏和喜欢他人。

不要争论不休

不知道各位女士是怎么看待争论不休的，但争论的后果最终只有三个：

（1）不会有任何结果；

（2）只能使对方更加坚定自己的看法；

（3）你永远是失败者，因为你什么也得不到。

在卡耐基进行了数千次的辩论以后，他得到了一个结论：避免辩论是获得最大辩论胜利的唯一方法。

多年前，卡耐基的训练班中来了一个名叫苏菲的人。她是一名载重汽车的推销员，可是她从来没有一次成功地将自己的产品推销出去。他试着和她进行了一次谈话，发现她虽然受教育很少，但非常喜欢争执。不管在什么情况下，只要她的买主说出一丝贬损她的产品的话，她都会愤怒地与人家进行一场争论。她还告诉他，她认为她教会了那些家伙一些东西，只不过她的产品没有卖出去而已。

面对她这种情况，卡耐基没有直接训练她如何说话，而是反过来让她保持沉默，不再与人发生口头冲突。事实证明，他的方法是有效的，因为苏菲如今已经是纽约汽车公司的一名推销明星了。

事实上，每一位女性都是一名推销员，不同的是，苏菲推销的是载重汽车，而女士们推销的则是她们自己。如果女士们想要成功地把自己推销出去，成为受欢迎的人，那么她们必须做的就是不与人争论。然而，很多女士都不能自觉地做到这一点。她们更加热衷于陶醉在那种与人争论的感觉中，因为在争论之中，不管对方如何"苦口婆心"，女士们始终会坚持自己的观点。

老富兰克林曾经说："如果你辩论、争强、反对，你或许有时获得胜利。不过，这种胜利是十分空洞的，因为你永远得不到对方的好感。"

你在与人交往的过程中，你在为人处世的过程中，妄图通过争论来改变对方的想法，这种做法是相当愚蠢的。虽然你也许是对的，或是你根本就是绝对正确的，但是你在改变对方的思想这方面，可以说是毫无建树。这一点，和你本身就是错的没什么两样。

有两个结果摆在你面前，一个是暂时的、口头的胜利；另一个是别人对你永远的好感。不知道女士们会选择哪一个？相信大多数会选择后者，因为这两者你很少能够兼得。

实际上，那些真正成功的人是从来不喜欢争论的。林肯在为人处世上非常成功，而且他的这一套技巧完全没有性别限制，也就是说对女性同样适用。林肯曾经重重地责罚过一个年轻的军官，仅仅是因为他与别人产生了争执。林肯狠狠地教训了军官一顿，其中有一句话颇具深意："与其因为争夺路权被一只狗咬，还不如事前给狗让路。不然的话，即使你把狗杀死，也不可能治好伤口。"

巴森士是一位所得税顾问，有一次他与一位政府税收的稽查员争论起来，起因是关于一项9000元的账单。巴森士坚定地认为，这9000元的账单的的确确是一笔死账，是不应该纳税的。而那名稽查员则认为，无论如何，这笔账都必须纳税。他们两个不停地争论，一小时过去了，双方谁也没有说服谁。

最后，巴森士决定让步。他决定不再与稽查员进行争论。巴森士说道："我认为，与你必须做出的决定相比，这件事简直微不足道。尽管我曾经研究过税收问题，但我毕竟是从书本上学到的，而你却是从实践中学来的。"

巴森士接着说："那位稽查员马上站起身来，和我讲了很多关于工作上的事，最后居然还和我讲有关他孩子的事。三天以后，他告诉我，他可以完全按照我的意思去做。这太神奇了！"

其实，巴森士并没有运用什么高超的技巧，他只是避免了与稽查员正面的冲突，这就足够了。因为那位稽查员有自重感，事实上每个人都有，而巴森士越是与他辩论，他就越想满足他的这种自重感。事实上，一旦巴森士承认了他的重要性，他也会立即停止辩论。

建议永远比命令更有"威力"

有一次，卡耐基的培训课上来了一位名叫丽莎的女士。她告诉他，她是一家广告公司设计部的主任，可是她现在的工作很不顺利，也很不快乐。当他问起是什么原因时，丽莎女士苦恼地说："上帝，我真的不知道是怎么回事。我不明白，为什么办公室里的每个人都好像在针对我。你知道，我是一名主任，可是我的话对于那些职员来说根本起不到任何作用，事实上他们根本就不听我的。"

听到这儿的时候，卡耐基已经知道这是一位将人际关系处理得很糟的设计部主任了。他想要找到她失败的原因，于是，他问她："丽莎女士，你平时是怎么和你的下属在一起工作的？"当时丽莎女士的表情很不以为然，她说："还不是和其他的人一样，我是主任，要对整个部门负责，也要对我的上司负责。我必须要他们做这个做那个，因为这是我的职责。可是似乎没有人能听我的。"他追问道："你是说，你在工作的时候是用'要'这个词，是吗？"丽莎女士很诧异地回答说："当然，卡耐基先生，要不你认为我应该用什么词？"卡耐基对她说："丽莎女士，以后你再要别人做什么工作的时候，我建议你用另一种方式。你完全可以用一种提问或是征求的口气，而并不一定要用命令的口气，就像我现在建议你一样。你觉得呢？"

两个月后，当卡耐基再一次见到丽莎女士的时候，她已经完全变了一个人，变成了一个非常快乐的人。"卡耐基先生，我真的不知道该怎样感谢您！"丽莎女士兴奋地说，"您知道吗？您的那个办法简直太神奇了，现在部门的同事都和我成了要好的朋友，工作也开展得十分顺利。"

女士们似乎更热衷于教别人做什么，而不是让别人做什么。也就是说，比起建议来，女士们更喜欢用命令的语气。

实际上，大多数女士都喜欢采用这种做法，因为这可以让她们的自尊心和虚荣心得到满足。然而，女士们的自尊心和虚荣心是得到满足了，可那些被命令的人却受到了伤害，失去了自重感。这种做法真的会使你的人际关系变得一团糟。

有这样一个故事。

一天，一个学生把自己的车子停错了位置，因此挡了其他人的道，至少是挡住了一位教师的道。那名学生刚进教室不久，女教师就怒气冲冲地冲了进来，非常不客气地说："是哪个家伙把车子停错了位置，难道他不知道这样做会挡住别人的道吗？"

那名学生其实当时已经意识到了自己的错误，于是他勇敢地承认了那辆车是他停的。"凶手"既然出现了，女教师自然不会放过他，大声地说道："我现在要你马上把你那辆车子开走，否则的话，我一定让人找一根铁链把它拖走。"

的确，那个犯错的学生完全按照教师的意思做了。但是从那以后，不只是这名学生，就连全班的学生都似乎开始和这个老师作对。他们故意迟到，还经常捣蛋。老实说，那段日子，那位脾气很大的女教师确实真够受的。

那名教师为什么要用如此生硬的话语呢？难道她就不能友好地问："是谁的车子停错了位置？"然后再用建议的语气让那名学生把车子开走吗？如果这位女士真的这么做了，相信那名犯了错的学生会心甘情愿地把车子开走，而她也不会成为学生们心目中的公敌。

实际上，你不命令他人做什么，而是建议他人做什么，这种做法是非常容易使一个人改正错误的。你这样做，无疑保持了那个人的尊严，也使他有一种自重感。他将会与你保持长期合作，而并不是敌对。

不管你是一名普通的女性，还是某个部门的主管，掌握这一技巧，都无疑会让你受益无穷。

伊丽莎白女士是英国一家纺织厂的总经理，应该说她是一个精明能干的女性。有一次，有人提出要从她们的工厂订购一批数目很大的货物，但要求伊丽莎白女士必须能够保证按期交货。坦白说，这个人的要求有些过分，因为那批货确实数目不小，况且工厂的进度早就已经安排好了。如果按照他指定的时间交货，当然不是不可能，但那需要工人加班加点地干。

伊丽莎白女士非常愿意接受这项业务，但她也考虑到这可能会使工人有怨言，甚至给自己招来一些不必要的麻烦。她知道，如果自己生硬地催促工人们干活，那么肯定会使自己陷入尴尬的境地。

这时，伊丽莎白女士想到了一条妙计。她把所有的工人都召集到了一起，然后把这件事的前前后后都说得非常清楚。伊丽莎白说："这项业务我非常愿意承担，因为这对我们工厂的发展是有好处的，而你们所有人也都能获得利益。不过，我现在很犯难的是，我们有什么办法可以达到这个客户的要求，做到按期交货呢？"接着，伊丽莎白女士又说："我真的不知道该怎么办，你们有谁能想出一些办法，让我们能够按照他的要求赶出这批货来。我想你们比我更有发言权，你们也许能够想出什么办法来调整一下我们的工作时间或是个人的工作任务。这样，我们就可以加快工厂的生产进度了。"

工人们在听完伊丽莎白的建议后，并没有像她事前想象的那样发牢骚或是抗议，相反却纷纷提出意见，并且表示一定要接下这份订单。工人的热情很高，都表示他们一定可以完成任务。更加让伊丽莎白吃惊的是，有人居然还提出愿意加班加点地干，目的就是要完成这项订单。

事后，伊丽莎白和她的朋友说："那一次，工人们的举动真的令我太感动了，我真的不知道该怎么感谢他们。"她的朋友回答说："伊丽莎白，这是你应得的，因为你先尊重了他们，使他们有了自尊，所以他们的积极性才会发挥出来。"

建议其实是一种维护他人自尊的好办法，更加容易使人改正自己的错误。它给你带来的是对方诚恳的合作，而不是坚决的反对。

第六章

情商的高度决定女人的幸福

做有情调的女人

在文章的开头问女士们一个问题："你们认为什么样的女人才是男人最喜欢的？"大多数女士肯定会这样回答说："男人当然是最喜欢有魅力的女人了。"女士们说出的答案是有道理的，男人的确是喜欢魅力十足的女人。可是，要想获得男人的爱，光有魅力是不够的，女士们还需要让自己有情调。

有一天，卡耐基的老朋友达勒·赫斯特突然来到他家，同时还带来一位他从未见过的女士。一进门，达勒就兴奋地说："嗨！戴尔，这是我的未婚妻安蒂。告诉你一个好消息，再过三个月我们就要结婚了！"虽然在事前卡耐基已经有些预感，但达勒的话还是让他大吃一惊。

达勒是英国人，按照他的说法，他是一个有着高贵血统的英国贵族。他这个人很奇怪，尤其对感情特别挑剔。在这之前，有很多女士都曾经追求过他，其中不乏漂亮的、富有的和有身份的，可是我们这位达勒没有一个看得上眼。用他自己的话来说："我是一个贵族后裔，只有那种让我有怦然心动的感觉的人才能做我的妻子。"

事实上，安蒂说不上漂亮，更谈不上有什么高贵的气质。卡耐基不明白，达勒这个一向狂傲的家伙怎么会选择她。于是，在吃晚饭的时候，他问达勒："老朋友，你能给我讲述一下你们的恋爱史吗？"达勒满脸幸福地说："我们是在一次舞会上认识的，当我第一眼看到安蒂的时候，我就觉得她与众不同。你知道，那些参加舞会的女人都想出风头。她们在脖子上、手指上、耳朵上挂满了首饰，身上穿着价格不菲却俗气到极点的晚礼服，脸上的浓妆足以让人望而生畏。说实话，每当我看到她们的时候，都有一种想呕吐的感觉。可是安蒂不一样。她那天只化了淡淡的妆，也没有戴太多的首饰。最吸引我的还是她那套晚礼服，明显是手工制作的，而且给人一种清新脱俗的感觉。于是，我来到了安蒂身边，和她攀谈起来。一小时之后，我发现我已经深深爱上了她，因为安蒂对生活的品位简直太独特了。她把那些物质的东西看得很淡，认为只要自己喜欢，什么样的生活都可以变得很快乐。她告诉我，她喜欢自己做衣服，因为那会让她有一种自主的感觉。她最喜欢的是一件睡衣，还说她喜欢穿着睡衣坐在餐厅吃晚餐的那种感觉。正是安蒂这种特有的情调让我对她着迷，所以我决定和她结婚。"

　　安蒂并不是买不起一身像样的晚礼服，但她却认为那样的生活太过俗套。安蒂对生活有着自己独特的品位，因此她想尽办法让自己的生活充满情调。正是安蒂的这种情调，才最终俘虏了达勒的心。

的确，有情调的女人最能打动男人的心，因为男人在粗犷的外表下同样有一颗渴望浪漫的心。情调虽然不能与浪漫等同，但情调却能制造出浪漫。情调其实是一种对生活品质的追求，要求注重个人的享乐，而且还要有品位地进行文化消费。

那么，究竟怎么做才算有情调呢？坐在高级餐厅，品红酒、听音乐是情调；安静地坐在音乐厅欣赏交响乐是情调；悠闲地坐在咖啡馆，喝着咖啡，风雅地抽着女士香烟也是情调……

很多女士都把情调和上面那些高级场所联系起来，认为情调是一种奢侈的享受，永远与普通人无缘。事实上，女士们这种想法是错误的，情调是一个女人对生活的品位，是一种思想感情所表现出来的格调。情调与金钱、地位其实没有一点儿关系。

娜塔是个漂亮的女孩，而且很善良，还善解人意，但她的男友卡尔却与她分手了，为什么呢？卡尔说："是的，我知道娜塔有很多优点，但我和她在一起真的很不开心，她的生活简直没有一点情调。约会的时候，我常常提议去一些格调高雅一点儿的餐厅，因为那样才显得浪漫一些。可娜塔却说，与其花很多钱在餐厅吃，还不如自己买一些东西在家里吃。其实，在家里和喜欢的人一起吃晚饭也是一件让人感到愉快的事情，可娜塔却让我的希望落空。她总是胡乱地煮一些东西，然后很随便地把食物放在盘子里。我提议何不关上灯来一次烛光晚餐，可她却说那样太黑不利于吃东西。吃完饭后我提议跳一支舞，可她却说还有很多家务等着做。我提议将房间布置得温馨浪漫一点，可她却说那是在花冤枉钱。我真的受不了了，虽然我很爱她，但我还是选择了放弃。"

女士们，这不得不说是一场悲剧，一对本来相爱的青年却因为爱情以外的因素而分开。坦白说，娜塔的做法并没有错，应该说她所做的一切也都是为了他们的将来。因为在她看来，能不花的钱最好还是省下。可是，她没有想到，她的这种好心却伤害了卡尔，因为卡尔希望自己有一段浪漫的恋爱经历。

美国著名心理学家唐纳德·卡特曾说："现代人面临的压力越来越大，很多人都不堪忍受。因此，不管是男人女人，都需要找一种方法来缓解这些压力。我认为，最好的也是最有效的方法就是以情调来调节生活。情调能让生活变得多彩，也能让你从中体会到快乐。当然，这些不需要花费你很多钱。"

英国顶级服装设计师乔治·德莱尔也说过："情调其实并不是一种奢侈的东西，只要你愿意，每个人每天都可以过得很有情调。举个例子，假如我给你一筐梨，里面有一些是烂的，那么你该怎么处理？有人会说先吃烂的，因为那样可以给自己节省下一部分。可是，当你吃完烂梨的时候，发现原来好的也已经变烂了。这样，你吃到的永远是烂的。也有人说先吃好的，因为那样可以让自己享受到美味。可是，当你吃完好梨的时候，那些烂梨已经没法要了。这样，你就浪费了很多。其实，你只要动动脑筋就可以了。为什么不把烂的那部分挖掉，然后煮成梨糖水，并在这个过程中把那部分好梨吃掉？这可是一举两得的好办法。显然，这不会花费你很多的时间和金钱，然而却可以让你的生活变得有情调起来。"

只要你们有一颗热爱生活的心，那么你们就一定可以通过情调来让自己的生活发生改变，也同样能用情调获得男人的爱。女士们一生要扮演很多角色，女儿、女友、妻子、母亲，而如果你们能够将每个角色都做得尽善尽美，让自己的生活充满情调的话，那么你的心情将明媚许多，你身边的人的心情也会明媚许多。

情调女人深知自己最需要的是什么，她们会安排好自己的生活，也会维护好自己生命中最重要的东西。只有懂得情调的女人才能真正地爱别人，也才能让自己真正地快乐起来。而只有女人自己快乐了，她身边的男人才会快乐。爱情虽然很难说清楚，但快乐却是爱情中不可或缺的因素。

实际上，要想获得一份永恒的爱，懂得制造有情调的爱情也是很重要的。很多女士认为爱情就是两个人互相喜欢、互相帮助，然后组建一个家庭，生儿育女。的确，现实中的生活就是这样，然而爱情是一个浪漫的词语，它无时无刻不需要情调来调试。没有情调的爱情将是枯燥乏味的。

不过，女士们必须清楚，男人喜欢有格调的生活，更渴望有格调的爱情。因此，如果女士们想让你中意的男人喜欢你，那么你们就一定要做有格调的女人。

不要把不修边幅当作不加修饰的美

女士们在赶赴约会之前都会做哪些准备呢？是坐在家中默默等待约会的到来，还是抓紧一切时间精心打扮一下自己？大多数女士肯定会选择后者，因为她们都想让自己喜欢的男人看到自己漂亮的一面。这不是虚荣，更不是虚伪，而是一种正常的心理。事实上，很多女人都以在男人面前"炫耀"魅力为荣耀。

对于后者，我们暂且不说，先说说那些不愿打扮的女性。这种女性往往独立和自主心比较强。在她们看来，取悦男人是一件耻辱的事情。特别是一些女权主义者，她们更不会为了男人而去梳妆打扮，用她们的话说："我穿什么衣服，化不化妆，这都是我自己的事。和任何一个男人都丝毫没有关系，即使是我所爱的男人。"

如果女士们有这种想法，那么你们最好早点儿放弃，因为你们还没有做好争取爱的准备。的确，爱是不能以外表来衡量的，虚有其表的爱情不是真爱。然而，女士们不得不承认，男女之间产生爱情的第一步就是感官上的认识，主要是视觉和听觉。试想一下，如果你没有给一个男人留下很好的第一印象的话，那么想要和他继续交往将是件很困难的事。

美国职业婚姻介绍所所长艾瑞克·庞德在一次演讲中说："我们曾经安排过几千对男女约会。根据我的经验，那些双方都很重视约会，并且愿意为约会而精心打扮一番的男女的成功率要远比那些有一方或双方都不愿打扮的男女的成功率高得多。其中，如果女方在约会的时候没有修饰自己的话，那么第一次约会的成功率几乎很小。这并不是说男人都很好色，而是因为如果一个女人不化妆、穿着很随便的衣服去约会的话，那么男人就会觉得她是在轻视自己，从而放弃与她交往的想法。"

男人是一种自尊心很强的动物，特别是当他们与女人交往的时候，更希望满足自己的自尊。因此，女士们穿上自己精心挑选的衣服，化上适宜的妆的做法并不是取悦男人，而是满足男人的自尊心。当满足了男人的自尊心以后，女士们实际上就已经把男人征服了一半。其实，男人就是这么简单的动物，他们找妻子有时候就是为了满足自己的自尊心。

因此，女士们，你们要放下自己的"自尊心"，不要把为了男人而打扮看成是一件非常可耻的事情。事实上，你们这样的做法非但不会让男人轻视你们，反而会赢得男人更多的青睐，因为他喜欢你重视他。

无意中曾听到一对青年男女正在争吵，很显然，他们是一对热恋中的情侣。那个男的说："难道你就不能换一个发型吗？我说过了我讨厌这种爆炸式的头型。"女的有些委屈地说："怎么？你为什么不喜欢？你凭什么不喜欢？这可是今年最流行的。"男的有些激动，说道："什么流行不流行，我更喜欢以前长发披肩的你。还有，你再看看你的这身衣服，难道就不能穿得淑女一点吗？干吗把自己打扮得像个舞女一样？"男人的话的确有些过分，所以那个女的也生气地回敬道："我像个舞女？那你为什么还和一个舞女待在一起？你这个不知好歹的家伙。你知道吗？为了这次约会，我整整准备了一个星期，就是想给你个惊喜。可你呢？不但不称赞人家一句，反而还要污辱我？"男人也不示弱，说道："惊喜？是够惊喜的。难道你不知道我喜欢淑女类型的吗？你以前不是挺好的吗？干吗要穿成这样？上帝，我怎么会喜欢这样一个女人？"最后，这对恋人的午餐不欢而散。

其实，很多女士都有这样一个错误的观念，那就是她们认为精心打扮是自己的事，只要自己喜欢的，那么对方也一定会喜欢。每个人的审美观点都是不一样的，特别是男人在看女性的时候往往有一套他们自己的审美观念。如果女士们不顾男士们的想法，执意要根据自己的意愿来梳妆打扮的话，那么结果肯定是会让每一次约会都不欢而散。

人际关系方面的专家约翰·查尔顿在《少男少女》杂志上曾经这样写道："青年男女恋爱成功的第一个前提就是让对方有一种愉悦感。这一点对于女士们更为重要。作为女性，你们不妨按照男人的意愿来打扮自己。虽然那会让你们觉得有一点委屈，却可以让你心中理想的对象更加爱你。从心理学角度来说，男人看到一个女人愿意为了自己而改变，那么他就会认为这个女人十分爱他。通常情况下，男人在面对这种女人的时候都会紧抓不放，因为他们希望自己有一个懂事的妻子。"

亨利是个年轻帅气的小伙子，而且还是华盛顿一家大公司的总经理。这样，亨利自然就成了女性心中的抢手货，因此追求他的女性不计其数。可是，这个亨利却是出了名的"冷酷汉"，不管什么样的女人都不能打动他的心。他曾经对外宣称，自己终生都不会娶妻，因为没有一个女人值得他去爱。

然而，不久，《华盛顿邮报》以醒目的标题刊登了一篇名为《昔日单身贵族，今朝已要结婚》的文章。一时间，所有人都议论纷纷，都想知道这位神奇的姑娘到底是什么样子。当时，人们都猜想这个姑娘一定是美若天仙，说不定还是出身贵族。然而，当婚礼举行的时候，所有的人都大吃了一惊，亨利的妻子虽然漂亮，但是并不是十分超群。而且，她以前不过是亨利手下的一个小职员而已。

当说起这段感情时，亨利直言不讳地说："正是她的一片真诚打动了我。"原来，那位姑娘以前只不过是个打字员。她和其他人一样，早就对亨利有了倾慕之情。不过，她知道自己绝不可能和亨利在一起，因此从来没有向任何人透露过自己的秘密。

不过，这位姑娘心中深爱着亨利，因此一直都想为亨利做点儿什么。由于和亨利在一起工作，所以她多少知道一些亨利的喜好。亨利不喜欢太瘦的女孩子，因为他认为那样看起来弱不禁风。于是，这位姑娘就拼命地猛吃，让自己的体重增加了十几斤。亨利不喜欢化浓妆的女孩子，所以她每天就给自己淡淡地涂上一些妆。此外，她还留心观察亨利喜欢她穿什么样的衣服。只要亨利说一句不错，那么她就会一口气买下很多件这个类型的衣服。有一次，亨利突然说姑娘脸上的一颗黑痣影响了美观，结果她回家之后居然用刀把痣割掉。结果，她的脸上落下了一个疤。当亨利知道这一切以后，他的心向她敞开了，因为他觉得遇到一个肯为自己改变这么多的女人真是太难得了。就这样，两个人终于走进了婚姻的殿堂。

可能有些女士会大喊委屈，因为她们为了追求亨利也都曾经刻意装扮过自己。她们不明白，为什么一个打字员可以成功，而她们却不行。事实上，这些女士都犯了一个严重的错误，那就是没有站在亨利的立场上考虑问题。她们的确是打扮自己了，可那是按照她们的意愿进行的。有的女士为了吸引亨利的注意，拼命地减肥，因为她觉得男人都喜欢苗条的女人。有的女士化上很浓的妆，因为她觉得男人都喜欢妖娆的女孩子。有的女士居然还穿上了暴露的服装，因为她觉得男人都喜欢性感的女人。事实呢？她们的做法恰恰是背道而驰，不但得不到亨利的爱，反而招来他的反感。

恰到好处的羞涩，是一种美

心理学家唐纳德·鲁卡尔曾经对1000名男士做过一项调查。他首先问这些男士，在他们心里，什么样的女人才是最美丽的。结果，1000名男士分别给出了各种各样的答案，有的说脸蛋漂亮，有的说身材苗条，还有的说气质高雅。可是，当唐纳德问他们认为女人在什么情况下最美丽的时候，那1000名男士几乎都回答说："羞涩的时候。"后来，唐纳德发表了一篇调查报告，其中写道："对于所有的男人来说，我是说所有，最无法抗拒的就是女人的羞涩。女人的魅力有千百种，女人也可以通过各种各样的方式来吸引男士们的注意。但是，不管什么方法都不能和羞涩相比。我可以肯定地说，懂得羞涩的女人永远都是最美丽的。"

"羞涩"这个词似乎已经离现代人越来越远。的确，干吗要羞涩？在这个竞争如此巨大的社会，羞涩又能起到什么作用呢？你害羞，那你就别想找到一份工作；你害羞，那你就别想领到高薪水；你害羞，那你就别想得到升职；你害羞，那么你终将饿死……这是大多数女性的想法。事实上很多女士都认为只有性格泼辣一点，做起事来风风火火的人才能在这个社会上更好地生存。至于羞涩，那是几百年前童话里的东西了。

当然，这种想法也不为错，因为如今不管遇到什么事，如果你不去主动争取的话，那么成功的可能性将会小很多。不过，女士们并不能因此就否定了羞涩的重要性。事实上，羞涩是人类的一种美德，也是人类文明进步的产物。著名的专栏作家狄卡尔·艾伦堡曾经说过："任何一种动物，即使是最接近人类的黑猩猩，也绝不会有羞涩的表现。人类最天然、最纯真的情感表现就是羞涩。这是一种难为情的心理表现，往往与带有甜美的惊慌、紧张的心跳相连。当人们感到羞涩的时候，他的态度就会显得有些不自然，脸上也会泛起红晕。对于女人来说，羞涩就是一枝青春的花朵，也是女人特有的一种魅力。"

约翰·德克里，被称为纽约的商界奇才。他的婚礼举办得很隆重，新娘子也很漂亮。当婚礼仪式结束以后，在场的来宾一致要求德克里讲述一下他们的恋爱史。德克里有些腼腆地说："其实，我和我妻子是在一次舞会上认识的。事实上，那天舞会上有很多漂亮迷人的女士，我妻子在其中并不显眼。然而，当我去请她跳舞的时候，我的心却被她俘虏了。我走到她的面前，很礼貌地对她说：'小姐，能请你跳支舞吗？'当时，我妻子很害羞地低下了头，脸上泛起了红晕，怯生生地说：'对不起，先生，我怕我跳不好，那样会出丑的。'我确信那是世界上最美妙的声音，而她就是我生命中的天使。我不知道自己怎么了，但我确定我已经爱上她了。从那以后，我对她展开了疯狂的攻势。

"开始的时候，我总是找借口约她出来，或是送她一些礼物。可她每次都很羞涩地拒绝我。你们可能认为我会退缩。不，她的这种羞涩反而让我对她更加痴迷。于是，我开始不停地约她，送她礼物，并且向她表达爱意。当我把求婚戒指摆在她面前的时候，她的脸就像是一个红红的苹果。我能觉察到，她太紧张了，因为她不停地喘着粗气。那时，我真觉得她是世界上最美的女人。还好，最后她终于答应了我的请求，成了我的妻子。"

究竟是什么打动了约翰·德克里的心？没错，就是他妻子诱人的羞涩。我们假想一下，如果当时的那位女士不是很腼腆、很羞涩，而是异常兴奋地说："噢，天哪，你就是商业奇才约翰·德克里吧？你是我的偶像，事实上我早注意你了。来吧，让我们跳支舞。还有，舞会结束后我们可以考虑去喝点儿什么。"我想那位商界奇才一定会吓得逃之夭夭。

对于女性来说，羞涩是你们独具的特色，也是你们特有的风韵和风采。虽然有时候男士也会羞涩，但是最迷人的且出现频率最高的还是女人的羞涩。羞涩常常会让一个男人显得有些狼狈甚至可笑，但它却会让一个女人看起来魅力非凡。相反，如果一个女性缺少了羞涩，那么势必就会失去应有的光彩。羞涩是属于女性的，也是女性的特色之美。康德曾经说："羞涩是大自然蕴含的某种特殊的秘密，是用来压制人类放纵的欲望的。它跟着自然的召唤走，并且永远都与善良和美德在一起。"

的确，很多艺术家也都把眼光放在了女性的羞涩美上。普拉克西特列斯创作的《柯尼德的阿芙罗狄忒》和《梅迪奇的阿芙罗狄忒》这两幅雕塑作品都反映了女性的羞涩之美。羞涩就像一层神秘的轻纱，轻轻地披在女人的身上，让她们看起来有一种朦胧感。对于男人来说，含蓄的美最有诱惑力，最能激发他们的想象。因为，当女士们表现出羞涩时，男人将会为你如痴如醉，痴狂不已。

斯泰尔夫妇大概是最令人羡慕的一对夫妻了。他们结婚已经有30年了，却每天都过着犹如初恋般的日子。两个人会经常送对方一些礼物，每天都要到附近的小树林中散步。对于大多数夫妻来说，结婚后如果还经常说一些情话简直是一件太过肉麻的事情，而在斯泰尔夫妇看来，那真是再正常不过了。斯泰尔先生曾经毫不掩饰地说，他每天晚上都要和妻子说："晚安，我的甜心。"

这真是太不可思议了，究竟是什么东西使得这对夫妇永保新鲜感呢？斯泰尔先生说，他们的关系之所以能够保持亲密如初，这和他妻子有着很大的关系。原来，斯泰尔夫人生性有些腼腆，很容易害羞，就算结了婚也依然如故。斯泰尔先生说："我妻子很害羞，对我也是一样。有时候，我送给她一件小礼物，她的脸会非常的红，还会小声地和我道谢。在别人看来，我妻子也许有心理疾病，因为她对丈夫不应该这样。事实上，我妻子在其他事情上都很正常，唯独在我们夫妻关系上显得羞涩。然而，正是她的这种羞涩让我如痴如醉，感觉她依然是我以前所爱恋的那个姑娘。因此，我总是尽力让她开心，因为我实在太陶醉于她羞涩时的样子。"

事实上，这位斯泰尔夫人一点儿也不腼腆，而且还非常健谈。这到底是怎么回事？她回答说："以前的我确实很害羞，但是经过这么多年的磨炼我已经不再那样了。可是，我知道我丈夫非常喜欢以前那个胆怯的、爱红脸的小姑娘，所以我就在他面前依然保持原来的样子。这很有效，因为丈夫总是把我当成那个小女孩。他会记得我的生日，还会送给我一些礼物。同时，他仿佛对我有说不完的甜言蜜语。"

女人的羞涩是有着惊人的魅力和功能的。它可以唤醒两性关系中的精神因素，从而使得两性之间的生理作用减弱了许多。在这个世界上，没有任何一种色彩能够比女人的羞涩更美丽。

其实，女士们没有必要刻意去学习，因为羞涩是女人的天性。想一想，当你们第一次收到男朋友的礼物时是一种什么感觉？当他第一次约你时是什么样的感觉？当他向你求婚时是什么样的感觉？多想想这些，那么女士们就能体会到什么才叫真正的羞涩了。

认可他，崇拜他

赫斯勒·霍夫曼先生是一名普通的教师。虽然他已经很努力地工作，却始终没有取得什么成就。也就是说，赫斯勒先生是那种再普通不过的教师。也许正是因为这点，赫斯勒先生一直没有找女朋友，用他的话说："我是一个每月只能领到微薄薪水的教师，有哪一位姑娘会看上我呢？"其实，赫斯勒先生还是不错的，虽然收入不高，但也足够维持生活。同时，赫斯勒先生还是一个心地善良、热情好客的人。事实上，有很多姑娘都曾经追求过他，却都被他一一拒绝了。

后来，赫斯勒在一位朋友的家里认识了苏菲小姐。两个人非常投缘，一见面就谈得很投机。虽然赫斯勒对苏菲小姐很有好感，却因为自卑而不敢表达。苏菲小姐好像看出了他的心思，就问赫斯勒是做什么工作的。赫斯勒有些不好意思地说："我……我不过是一名普通的教师而已。""真的吗？我最崇拜的就是教师了。"苏菲小姐真诚地说，"一直以来，我都认为教师是世界上最神圣的职业。"赫斯勒显然不敢相信自己的耳朵，惊讶地问："苏菲小姐，你不是开玩笑吧？这可是一份没有前途的职业，而且收入也不是很高。"苏菲笑着说："不，你不要那么想。我从来不用收入来衡量一个人是否成功。我觉得，你就是英雄，因为你培养出了很多人才。"赫斯勒先生有些激动地说："太感谢你了，苏菲小姐，我现在才觉得自己应该感到自豪。只是……只是不知道你是否愿意和一个你心目中的英雄交往呢？"结果，苏菲小姐很爽快地答应了。

"其实，在很早以前我就开始注意他，而且也暗自喜欢上他。不过，我知道他是一个因为自卑而不敢谈恋爱的人，所以我决定采用我的方法让他向我敞开心扉。我对他表示肯定，并且让他相信我是崇拜他的。最后，我丈夫终于不再自卑，也接受了我的感情。"苏菲小姐这样说道。

苏菲小姐非常聪明。的确，女士们要想获得男人的爱，首先就要让男人对你产生好感，愿意与你接触。如果一个男人和你接触以后，发现你狂妄自大、目中无人而且还说话十分刻薄的话，相信他一定不会觉得找你做女朋友是个好主意。

女士们如果想在最短的时间内获得男人的好感，最好的方法就是认可他、崇拜他。这是因为，所有的男人的自尊心都非常强，他们都渴望得到自己身边人的认可，特别是自己的伴侣。因此，满足他们的自尊心便是获得他们好感的最有效方法。

很多女士的自尊心也很强。她们认为，如果女人都去崇拜男人的话，那么无疑又回到了过去男尊女卑的社会。在她们看来，男人希望自己的妻子或伴侣对他们崇拜，无非就是想满足他们的大男子主义心理。这是对女性的一种不尊重，也是对新时代和新社会的一种挑战。

我们来听听专家的意见。婚姻心理学博士卢卡德·帕内尔曾经在一篇论文中这样写道："男人都有一种心理，认为只有崇拜他们的女人才会对他们产生强烈且持久的爱情。事实上，男人是想通过女人对他们的崇拜而获得一种满足感。在他们看来，女人对男人的爱是以崇拜为基础的。女人崇拜男人，那么就势必会渴望与心目中的英雄生活在一起,从而才能产生爱。事实上,这是一种雄性征服和占有欲望的体现。因此,聪明的女性往往都善于使用这一技巧,尽管有时候并非出自她们的本心。"

芝加哥心理学教授迪斯勒·肯特也曾经做过一项调查,他让100名男士写下他们愿意和什么样的女士交往。结果,只有不到十分之一的人选择愿意和自己的上司或比自己能力高的人交往,而剩下的人都选择愿意与"不如"自己的女性交往。当迪斯勒问他们原因的时候,很多男人回答说:"一个男人怎么可以让妻子超过自己呢?虽然这有些大男子主义,但男人的自尊心比任何事情都重要。"是的,女士们必须清楚,男人想获得女性的崇拜和认可并不关大男子主义的事,实际上那不过是他们本性的体现。

此外,女士们还有一种担忧,那就是害怕会"惯坏"自己的男人。有一位女士说:"我知道应该这么做,这也的确很有效。可是,我很害怕,因为如果我在婚前那么做的话,很可能会让他把这种优越感带到婚后,恐怕到那时我的日子就不会好过了。他会像国王一样对我发号施令,还会像使用女佣一样指示我做这做那。为了不让他养成这种坏习惯,我是绝对不会在婚前纵容他的。"

其实,女士们大可不必担心,因为很少有男人是真正的"权力狂人"。事实上,如果女士们认可、崇拜他们,那么不但不会把他们"惯坏",反而会让他们更加爱你们。

女士们，仅仅是一个认可和崇拜的做法就将给你们带来无穷的好处。在婚前，你可以吸引他的目光；在婚后，你又可以让你们的关系永远亲密。应该没有一个人会不愿意去使用这个技巧，除非你不想结婚。

机敏地抓住幸福

某机构曾搞过一次调查，让那些参加调查的女士说出自己对爱情的认识，并且还要坦白说出自己在爱情方面曾经做过的最后悔的事。在调查之前，人们都认为，大多数人一定会反省自己在与伴侣相处时所犯下的错误，说出自己的不足，并且也一定会下决心改正。然而，结果却和预料的大相径庭。很多女士居然说对现在的状况不满意，让她们最后悔的事竟然是当初没有选择另外一位更好的男士。人们研究这种现象，最后得出结论：很多女士都不具备抓住幸福的能力。

事实上，很多女士们虽然知道该如何挑选伴侣，却由于各种各样的原因失掉了机会，从而让幸福从指尖溜走。

辛姬丝女士终于和一位大她13岁的男士走到了一起，结为了夫妻。很多女士会认为，那位男士一定非常有本事，或者是一位很有名的成功人士，或者是一位非常有魅力的诗人、作家、音乐家、艺术家。然而，事实和女士们想象的完全不一样，那位男士不过是一名普通的汽车修理工，而且还曾经离过婚。至于说家境，我们只能用"维持温饱"这个词来形容。所有认识辛姬丝的人都感到不可思议，因为在这之前，曾经有很多既英俊又帅气的小伙子追求过她，可都被拒绝了。大家都很疑惑，不明白辛姬丝为什么会选择这样一个男人。

别人就这一问题问过她。辛姬丝沮丧地回答说："我现在已经30岁了。你知道，一个女人到了这个年龄是很难再嫁出去了。我有什么办法？我只能选择一个离过婚的且愿意娶我的男人。"别人很奇怪地问她："那么当初你为什么不从那些优秀的小伙子中挑选一个呢？"辛姬丝回答说："这都怪我，现在想起来真是后悔莫及。那个在银行上班的勃博其实很不错，那个开杂货店的戴韦人也很好，还有罗格、约翰、汤姆……那些人都很好。可是，当时的我却不这么认为，总是想：'再等等吧，说不定我以后还能遇到更好的。'结果，这一等就是10年。每当我遇到心仪的男人时，总是会想后面可能还有更优秀的。结果，以前那些人都结了婚，而我还在等待。没办法，我最后只好随便找个男人嫁了。"

其实，这一切都不能怪别人，是辛姬丝自己葬送了自己的幸福。这一切苦果都是她自己酿成的。

女士们，你们是否觉得这样说有些刻薄？也许有那么一点儿，但这么说没有说错。其实，像辛姬丝一样的女士大有人在。

她们不是不知道该怎么挑选一个好男人，也有一双挑选好伴侣的"慧眼"。然而，她们的本性太过"贪婪"，总是认为自己目前遇到的不是最好的，而后面将要遇到的才是最棒的。结果，她们让机会一次次地溜走，直到有一天发现自己已经没有挑选的资本时才开始着急。可是，机会一旦错过就不会再回来，以前那些优秀的男士已经各自找到了伴侣。如今，只剩下了那些"永不知足"的女士。

上帝对待每一个人都是公平的。它会给每一位渴望得到爱情和幸福的女人机会，而且都是平等的。每个人对待眼前的机会都有着不同的态度。那些懂得珍惜，善于发现，并能够机敏地抓住机会的人最终都得到了幸福，而那些抱着玩世不恭或是犹豫不决态度的人则放任机会溜走，从而与幸福擦肩而过。

曾经有一个叫迪拉的女士和辛姬丝的遭遇差不多，也是在无奈的情况下选了自己的婚姻。不过，迪拉有一点和辛姬丝不同，辛姬丝是对尚未出现的男士抱有幻想，而迪拉则是以自己的青春作为赌注。

其实，迪拉谈过很多次恋爱，却没有一次超过三个月的。她父母很着急，也曾经劝她早一点儿找个可靠的男人嫁了。可是迪拉却说："这着什么急，我还年轻，有的是时间。放心，只要我愿意，肯娶我的男人能排到6号大街街口。"

没错，迪拉并没有夸张，她也的确有夸耀的资本。不过，这种资本是在她30岁以前才有的。随着年龄的增长，迪拉的魅力逐渐减少，而以前曾经追求过他的那些男士也都组建了家庭。当然，结果不需要再多说了，她只能步辛姬丝的后尘。

如今，像迪拉这样的女性越来越多。她们往往各方面的条件都非常好，而且还都很年轻。正因为这样，这些女士对爱情没有正确的认识，把年轻、感情和幸福看成是可以挥霍的资本。她们交男朋友，但是只谈情不说爱。对于她们来说，恋爱不过是一场游戏而已，而她们就是游戏里的主角。至于说该选用谁来充当配角，那完全要看她们的喜好。在她们看来，只有等到自己玩累了的时候才应该真正考虑一下是不是该结婚。

没错，以前的时候会有很多配角和她们这些主角一起玩游戏。然而，随着时间的推移，那些配角或主动或被动地都退出了游戏，继而在一个新的游戏中寻找自己的位置，并且担当了主角。可是那些女士还在玩耍，还在自我陶醉。当有一天她们发现自己已经没资格做女主角的时候，她们感到累了，想要组建家庭了。可是，她们突然发现，这时候已经找不到一个像样的配角了，甚至于就算她们甘当配角，也没有人愿意再和她们一起游戏。

如果说辛姬丝女士丢掉的仅仅是婚姻的幸福的话，那么迪拉女士丢掉的则不止这些。试问，有谁会对一个朝三暮四的女人有好感？尽管迪拉女士不坏，也从没做过什么出格的事，但是却没有人愿意与她交朋友。

当丈夫的工作突然变化时

女士们，如果你们的丈夫从一个每天工作8小时的"规矩"男人突然变成了那种从事特殊工作或是工作时间比较特别的男人，作为妻子，你们应当怎样应对呢？是坚定地支持他、配合他，还是和他大吵大闹，让他回到原来的工作岗位？我们希望是前者。

曾经有这样一位太太，她的先生一直都梦想着有一天自己能够成为一名出色的乐团指挥家。后来，在自己的不断努力下，他终于被一个著名的交响乐团看中，成了其中的一名交响乐指挥。他们的乐团虽然经常要在晚上举办音乐会，但是这位先生却对自己的这份工作非常满意。可是，他太太却不能忍受，因为自己的先生突然间不能在晚上陪自己了，而且每天还回家很晚。于是，这位太太和自己的先生大吵大闹，一定要他放弃指挥的职业。最终，先生经不住太太苦苦哀求，只得放下指挥棒，重新做起了推销日用品的工作。老实说，他并不喜欢这份工作，而且也不适合做这份工作，同时也使他的收入减少了很多。如此一来，那位先生变得非常不快乐。他不但认为自己的前途渺茫，而且也影响到了他与太太的婚姻关系。

女士们，如果有一天你们的丈夫突然成了出租车司机、火车驾驶员、轮船驾驶员或是演员的话，那么你们应该做的就是马上调整自己，充分地配合丈夫，这样才能维持你们的家庭生活。

有很多女士都说，她们非常羡慕那些明星的妻子，因为那些女人可以穿很多漂亮的衣服，而且还能成为众人瞩目的焦点。可是，那些女士只看到明星妻子风光的一面，却没有看到她们的难处。事实上，她们要比普通人的妻子付出更多的努力。很多明星都曾经有过失败的婚姻，就是因为他们的特殊工作情况得不到太太的支持。

因此，一旦丈夫的工作发生了突然变化，女士们首先就要清楚，自己并不是什么都可以获得的，而且还必须承认自己所面对的现实状况。你们应该明白，现在你们所要做的就是想尽办法在不破坏丈夫工作的前提下，维持整个家庭的快乐。

斯俄德·麦卡丁是个文静温柔的女士，而她的丈夫则性格外向、活泼开朗。在很多人眼里，他们是最佳的完美组合。可是，自从他们的家搬进州长府邸之后，一切都发生了变化。丈夫每天都忙着处理各种各样的事，总是很早起床，很晚才睡觉，以至于连她这个做妻子的都很难见到他。

她说，自己最幸福的时候就是陪同丈夫一起去外面旅行或演讲，因为那时他们才能在一起安静地共处一会儿。她对别人说："以前我不知道什么叫真正的激情和乐趣，但是现在我知道。事实上，我发现我们在旅途上获得的乐趣远比以前在家中获得的多得多。坦白说，这段经历我永远都不会忘记。"

说真的，罗威·汤姆斯和麦卡丁州长都够幸运的，因为他们的妻子在面对这些突然出现的变化时表现得很冷静。同时，他们的妻子不但尽心竭力地为他们排忧解难，而且还能够让自己不被各种外界的诱惑所困扰。这样，他们的丈夫就可以集中全部精力去面对新的工作了。

女士们，你们是不是已经害怕了？是不是心中正在祈祷，不要让自己的丈夫加入那些特殊工作的人群之中呢？是的，任何一个正常人都不希望遇到这种情况。可是，如果你的丈夫为了取得事业上的成功必须去做这份工作怎么办？难道女士们会选择放弃？不，如果真是那样的话，从法律意义上讲可以称为遗弃。但是，从爱情上来说，那是一种不完整的、有残疾的爱。

那么，当丈夫的工作出现了突然的变化，女士们究竟应该如何应对呢？首先，心态是很重要的。如果你们能够迅速调整自己的心态，使自己有足够的心理准备的话，那么相信你们一定可以很快地适应这种变化，并且能够给予丈夫最大程度上的配合。

女士们，这个世界上没有完全可以让人感到快乐的职业。如果你丈夫真的很不幸从事了你所厌烦、讨厌甚至于害怕的职业的话，那么你就应该考虑清楚，到底应不应该帮助他。如果这种变化可以使你丈夫取得成功的话，那么你就必须坚定地和他站在一起。要知道，不论生活方式是什么，总是会有其自身的利弊得失的。如果女士们只会抱怨现实的话，那么你们就永远不会有满意的时候。

第七章

心向美好，且有力量

面对嘲笑，多点雅量

面对他人的嘲笑，聪明女孩一定要有胸襟、有雅量，这同时也是一种做人的智慧。

曾任美国总统的福特在大学里是一名橄榄球运动员，体质非常好，他在62岁入主白宫时，仍然非常挺拔结实。当了总统以后，他仍滑雪、打高尔夫球和网球。

在1975年5月，他到奥地利访问，当飞机抵达萨尔茨堡，他走下舷梯时，他的皮鞋碰到一个隆起的地方，脚一滑就跌倒在跑道上。他跳了起来，没有受伤，但使他惊奇的是，记者们竟把他这次跌倒当成一项大新闻，大肆渲染起来。在同一天里，他又在丽希丹宫的被雨淋湿了的长梯上滑倒了两次，险些跌下来。随即一个奇妙的传说散播开了：福特总统笨手笨脚，行动不灵敏。自访问萨尔茨堡以后，福特每次跌跤或者撞伤头部，记者们总是添油加醋地把消息向全世界报道。后来，竟然反过来，他不跌跤也变成新闻了。哥伦比亚广播公司曾这样报道说："我一直在等待着总统撞伤头部，或者扭伤胫骨，或者受点轻伤之类的来吸引读者。"记者们如此的渲染似乎想给人形成一种印象：福特总统是个行动笨拙的人。电视节目主持人还在电视中和福特总统开玩笑，喜剧演员切维·蔡斯甚至在《星期六现场直播》节目里模仿总统滑倒和跌跤的动作。

福特的新闻秘书朗·聂森对此提出抗议，他对记者们说："总统是健康而且优雅的，他可以说是我们能记起的总统中身体最为健壮的一位。"

"我是一个活动家，"福特抗议道，"活动家比任何人都容易跌跤。"

他对别人的玩笑总是一笑了之。1976年3月，他还在华盛顿广播电视记者协会年会上和切维·蔡斯同台表演过。节目开始，蔡斯先出场。当乐队奏起《向总统致敬》的乐曲时，他"绊"了一脚，跌倒在歌舞厅的地板上，从一端滑到另一端，头部撞到讲台上。此时，每个到场的人都捧腹大笑，福特也跟着笑了。

当轮到福特出场时，蔡斯站了起来，佯装被餐桌布缠住了，弄得碟子和银餐具纷纷落地。蔡斯装出要把演讲稿放在乐队指挥台上，可一不留心，稿纸掉了，撒得满地都是。众人哄堂大笑，福特却满不在乎地说道："蔡斯先生，你是个非常、非常滑稽的演员。"

生活是需要睿智的。如果你不够睿智，那至少可以豁达。以乐观、豁达、体谅的心态看问题，就会看出事物美好的一面；以悲观、狭隘、苛刻的心态去看问题，你会觉得世界一片灰暗。两个被关在同一间牢房里的人，透过铁窗看外面的世界，一个看到的是美丽神秘的星空，一个看到的是地上的垃圾和烂泥，这就是区别。

用微笑面对一切

"我已经结婚18年多了，在这段时间里，从我早上起来，到要上班的时候，我很少对太太微笑，或对她说上几句话。我是最闷闷不乐的人。

"既然你要我对微笑也发表一段谈话，我就决定试一个礼拜看看。因此，第二天早上梳头的时候，我就看着镜子对自己说：'威尔森，你今天要把脸上的愁容一扫而空。你要微笑起来。现在就开始微笑。'当我坐下来吃早餐的时候，我以'早安，亲爱的'跟太太打招呼，同时对她微笑。

"现在，当我要去上班的时候，就会对大楼的电梯管理员微笑着说一声'早安'。我以微笑跟大楼门口的警卫打招呼。我对地铁的出纳小姐微笑，当我跟她换零钱的时候。当我到达公司，我对那些以前从没见过我微笑的人微笑。

"我很快就发现，每一个人也对我报以微笑。我以一种愉悦的态度，来对待那些满肚子牢骚的人。我一面听着他们的牢骚，一面微笑着，于是问题就更容易解决了。我发现微笑带给我更多的收入，每天都带来更多的钞票。"

微笑是人的宝贵财富，微笑是自信的标志，也是礼貌的象征。人们往往依据你的微笑来获取对你的印象，从而决定对你所要办的事的态度。用微笑去征服，办事将不再感到为难，人与人之间的沟通将变得十分容易。

现实的工作、生活中，一个人对你满面冰霜、横眉冷对，另一个人对你面带笑容、温暖如春，他们同时向你请教一个工作上的问题，你更欢迎哪一个？显然是后者，你会毫不犹豫地对他知无不言，言无不尽；而对前者，恐怕就恰恰相反了。

一个人面带微笑，远比他穿着一套高档、华丽的衣服更引人注意，也更容易受人欢迎。因为微笑是一种宽容、一种接纳，它缩短了彼此的距离，使人与人之间心心相通。喜欢微笑着面对他人的人，往往更容易走入对方的天地。难怪学者们强调："微笑是成功者的先锋。"的确，如果说行动比语言更具有力量，那么微笑就是无声的行动，它所表示的是："你使我快乐，我很高兴见到你。"笑容是结束说话的最佳"句号"，这话真是不假。

有微笑的人，就会有希望。因为一个人的笑容就是他传递善意的信使，他的笑容可以照亮所有看到它的人。没有人喜欢帮助那些整天愁容满面的人，更不会信任他们。

任何一个人都希望自己能给别人留下好感，这种好感可以创造出一种轻松愉快的气氛，可以使彼此结成友善的关系。一个人在社会上就是要靠这种关系才可立足，而微笑正是打开愉快之门的金钥匙。

有人做了一个有趣的实验，以证明微笑的魅力。

他给两个人分别戴上一模一样的面具，上面没有任何表情，然后他问观众最喜欢哪一个人，答案几乎一样：一个也不喜欢，因为那两个面具都没有表情，他们无从选择。

然后，他要求两个模特儿把面具拿开，现在舞台上有两张不同的脸，他要其中一个人把手盘在胸前，愁眉不展并且一句话也不说，另一个人则面带微笑。

他再问观众："现在，你们对哪一个人最有兴趣？"他们选择了那个面带微笑的人。

如果微笑能够真正地伴随着你生命的整个过程，这将使你超越很多自身的局限，使你的生命自始至终生机勃勃。

用你的笑脸去欢迎每一个人，那么你会成为最受欢迎的人。

不做"复仇女神"

年轻女孩，在面对别人带来的伤害时，应该选择宽容忍让，还是睚眦必报？有些女孩会选择后者，她觉得，谁伤害了她，就理应付出同样的代价，甚至有些偏执的女孩还会认为，你伤害了她一次，她就应该伤害你十次，只有加倍的伤痛才会让你吸取教训，才能解她的心头之恨。

人生之中，很多人不会遇到杀父之仇、夺夫之恨，所以即使是有一些牵绊，也没有必要拼个你死我活。其实，有时候一直把仇恨放在心里，总想着对别人报复，反而会让自己失去很多快乐。

一位青年，风华正茂时被人陷害，在牢房里待了6年，后来冤案告破，他终于走出了监狱。他发誓要报复，他有仇恨，可是他不知道陷害自己的人是谁，他还是不甘心。出狱后，青年开始了常年如一日的反复控诉、咒骂："我真不幸，在最年轻有为的时候竟遭受冤屈，在监狱度过本应最美好的一段时光。那样的监狱简直不是人待的地方，狭窄得连转身都困难。唯一的细小窗口里几乎看不到阳光，冬天寒冷难忍，夏天蚊虫叮咬……真不明白，上帝为什么不惩罚那个陷害我的家伙，即使将他千刀万剐，也难解我心头之恨啊！"

40年匆匆而去，在贫病交加中，他奄奄一息。弥留之际，牧师来到他的床边："可怜的人，去天堂之前，忏悔你在人世间的一切罪恶吧……"

此时，病床上的他声嘶力竭地叫喊起来："我没有什么需要忏悔，我需要的是诅咒，诅咒那些施与我不幸命运的人……"

牧师问："您因受冤屈在监狱待了多少年？离开监狱后又生活了多少年？"他恶狠狠地将数字告诉了牧师。

牧师叹息着说："可怜的人，您真是世上最不幸的人，对您的不幸，我真的感到万分同情和悲痛！他人因禁了你区区6年，而当您走出监牢本应获取永久自由的时候，您却用心底里的仇恨、抱怨、诅咒囚禁了自己整整40年！"

总是想着报复别人，却在不知不觉中浪费了自己的青春和岁月，其中的代价可想而知。其实，报复就好像是在挖两个坟墓，其中的一个通常都留给了自己。因为在选择报复的时候，必定会将所有的精力投放在曾经的伤痛里，使自己的心灵无法获得解脱。

生活，远没有我们想象的那么艰难，并不是每一种伤痛都没有办法忘却。只要你有一颗宽容的心，就一定能看到更为广阔的天地。

一个匈牙利的骑士被一个土耳其的高级军官俘获了。这个军官把他和牛套在一起犁田，而且用鞭子赶着他工作。他所受到的侮辱和痛苦是无法用文字形容的。土耳其军官所要求的赎金出乎意外的高，这位匈牙利骑士的妻子变卖了所有的金银首饰，典当出去他们所有的堡垒和田产，他们的许多朋友也募捐了大批金钱，终于凑齐了这个数目。匈牙利骑士终于从羞辱和奴役中获得了解放，但他回到家时已经病得支持不住了。

没过多久，国王颁布了一道命令，征集大家去跟敌人作战。这个匈牙利骑士一听到这道命令，再也安静不下来。他无法休息，片刻难安。他叫人把他扶到战马上，气血上涌，顿时就觉得有气力了，而后向前线驰去。他把那位曾把他套在轭下、羞辱他、使他痛苦万分的将军变成了他的俘虏。

现在已经是俘虏的那个土耳其军官被带到匈牙利骑士的城堡里，一个钟头后，那位匈牙利骑士出现了。他问土耳其军官说："你想到过你会得到什么待遇吗？""我知道！"土耳其军官说，"报复！但是我怎样做你才能饶恕我呢？""一点儿也不错，你会得到报复！"骑士说，"但我已决定宽恕你，放心地回到你的家里，回到你亲爱的人中间去吧。不过请你将来对受难的人温和一些，仁慈一些吧！"

土耳其军官忽然大哭起来："我做梦也想不到能够得到这样的待遇！我想我一定会受到酷刑和痛苦的折磨，因此我已经服了毒，过几个钟头毒性就要发作。我必死无疑，一点儿办法也没有！"

当你宽容别人的时候，你就不会感到自己和别人站在敌对的位置，你也不会感觉到，生活中总是存在敌人，而没有朋友了。

人是群居动物，在生存的环境里，不可能互不干扰。如果对于每一件事情都耿耿于怀，那么你永远也不会快乐。人生苦短，所以，年轻的女孩，不要再想着做"复仇女神"了。与其在报复的墓穴里苦苦哀叹，不如用宽容和爱填平墓穴，向快乐的生活前进。

批评是被掩饰的赞美

当人类世界被现代技术网罗成一个村庄的时候，无论你身在何处，也不管你是为了学习还是为了工作，都无法和网络撇清关系。身为天王级巨星的刘德华也经常上网，但是他上网和我们经常看到的上网聊天、打游戏有所不同，用他自己的话说："他们将全球有关我的信息集合起来给我看，让我知道世界各地的人对我的看法，他们感觉我是一个怎样的人，这是我很想知道的事。加上地球上有时差关系，所以我每天不止上一次网去看这些有关我的信息。"

原来，刘德华上网是为了接受更多的批评，让自己更加了解自己。有勇气接受别人的批评，才能够不断取得进步；同时，敢于接受别人批评，也显示了莫大的勇气和自信。相反，一个听到别人的批评就暴跳如雷、反唇相讥的人，不但缺乏涵养、心胸狭窄，而且这种冲动的做法还会造成难以预测的后果，使每个想帮助他的人都敬而远之。坦然接受他人的批评，你才能成为一个心胸宽广、受别人欢迎的人。

刘德华刚出道时，香港有家知名电台的老板听了他的歌后，当即表示，"这个人不懂唱歌，也没有歌唱的天分"，从此不再听他唱歌，并在很多场合坦言刘德华是歌坛"四大天王"里最差的一个。但是刘德华并没有因为别人的打击和嘲笑而气馁，从此，他每逢演唱会必定要给这个人送票，邀请他去听歌。十几年后，那个老板终于肯去听他的演唱会，并且为华仔的歌声所打动，不禁夸赞道："原来是我错了，华仔真的很会唱歌。"

刘德华能够在别人的批评和讽刺之下不气馁，用自信做支撑，用实力去说话，才逐渐走出了一条属于自己的星光大道。

世界是五光十色的，人们用各不相同的视角来看待生活。不同的人站在不同的方位看待同一个事物，也会产生不同的观点。刘德华面对人们对他的褒贬不一说："世上当然会出现有人喜欢或不喜欢我的情况，好评语自然会吸引我多看，但对我不好的评语我也会清楚地看一次，这样可以完全了解网友是如何看待我，让我加深对自己的了解，并且为我提供改进的空间。"每个人都需要面对世界、面对别人的评论，不管你愿意不愿意。所以，年轻的女孩，在面对别人的评论时，最好的解决方式就是像刘德华那样，把别人的批评当成一种被掩饰的赞美，这样我们看到的就不会是别人的苛刻和刁钻，而能够从中获得自己继续提升的信心和纠正错误的力量。

在现实生活中，我们总是希望按照自己的想法去勾勒世界，希望一切都按照自己的计划进行，所以我们总是不愿意听到不同的声音，不希望有人给予我们批评和指责。按照自己的理想搭建的世界，毕竟只是一厢情愿，虽然我们一直希望自己是最完美的，可是任何人身上都有不足。有时候，因为过于理想化，我们常常只看到自己身上的优点，而忽略了其他的缺点。所以，经常听一听别人的声音，虚心地接受别人的批评和指正，也未尝不是一个让自己更加完美的方法。

对于敢于批评和指正你的人，不要总是把他们当成你的敌人来对待。当你从他们的话语里了解了一个你看不到的自己的时候，你就应该给予他们最真诚的感谢。

不较真的女人更顺畅

有一首歌唱道："女孩的心思你别猜，你猜来猜去也猜不明白……"女人的那颗心永远都在变幻不定，你永远都无法把握她胸中蕴藏的是风暴或是柔情。事实上，女人自己也不能理解她们为什么会在某一瞬间陷入纠结：我今天是穿裙子还是衬衣？我是去逛街还是宅在家里……

女人的一生都与"纠结"这个词联系在一起。羡慕别人的完美身体又无法抵抗美食的诱惑；想优雅示人又怕化妆细节的烦琐；明明走到理发店却还在卷发直发之间犹豫；用"纠结"来概括女人一生的状态，似乎一点儿也不为过。

纠结的女人内心永远也无法淡定，因为她们从早上醒来就陷入了深深的纠结之中。起床洗头呢，还是不洗头再多睡一会儿呢？左右为难的选择令女人一天都心事重重。心境无法安静，生活怎能快乐？从旭日东升中感受成长的力量，从和风细雨中感受自然的美丽，在湍波激流之下，不受侵扰，保持安宁。也许，这样的人生才是生命最为宽广的地方。

梅子有一个从小一起长大、青梅竹马的男友，高考时，男友升了杭州一所大学，而梅子由于分数稍低，只得选择了江西老家的一所专科学校。小城市就业压力相对较小，梅子很顺利地在老家找到一份教学的工作，安心在家等待一年之后毕业回来的男友。

一年之后，男友毕业，可他觉得杭州是个大城市，发展机会也多，就不打算回老家工作。这下可急坏了梅子，为了追随男友，也为了自己的爱情，梅子特地辞去江西老家的工作，来到杭州和男友一起打拼。

但由于男友刚毕业处境也不好，梅子也是刚到一个新环境。能找到工作就算不错了，就这样，两人工作地点一个在东，一个西，梅子和男友只得分别在距自己工作方便的地方租了房间。来回要两个多小时，很不方便。也只有到了双休日，两人才能相聚。

刚开始，每当周五一下班，梅子就兴冲冲、急匆匆地往男友的住处赶，充满着甜蜜和幸福。梅子挤两个多小时的车赶到男朋友住的地方，赶紧做饭。吃完饭男友洗碗，合作倒也默契。整整两天，两个人一起洗衣服，收拾屋子地忙活，很是甜蜜快乐。

慢慢地，梅子发现男友越来越不像话，吃完饭不再主动洗碗；梅子洗衣服、收拾屋子时也不再帮忙，不是看电视就是打游戏。又一个周末，梅子没去找男友，自己在家生气。她越想越气愤。

想到总是自己挤两小时的公交车，男友还让自己做饭，一点不知道心疼她；每个周末，总是自己跑去找他，他却很少来看自己；他发的工资也从来没给过自己，而自己却经常用自己的钱来买菜什么的补贴他；过情人节那天，他竟然没有送花给自己……

想到这一系列的事情，梅子觉得不能再这样惯着男友了，为了跟他较劲，她决定以后的双休日都不去他那里了。如果他不来找自己，就关掉手机，然后让他找不到人，一直冷战到男友妥协为止。

周五的晚上，梅子的男友由于加班回家有些晚，看到梅子没在，就打电话。谁知梅子接了电话只说了一句"我睡了"就挂了。

周末两天，男友都没有联系梅子。梅子心里那个纠结呀！难道他都不觉得自己错了？都是我平常太惯着他了，这周不找下次让你找也找不到。

又到了周一，梅子还是没有接到男友的电话，她坐立不安。怎么了？再忙也该发个信息，难道他跟别的女孩好上了？不管了，反正我不会主动联系他，这次必须给他点儿颜色看看。

整整一个星期，梅子都在矛盾中挣扎着、痛苦着，工作中有几次都出现失误。为此，领导不高兴，还批评了她。

又到了周五，梅子又在犹豫着自己要不要去找男友，直到走到公司楼下，还在纠结着去还是不去。突然听到有人喊自己的名字，原来是男友。

看着男友手里捧着花，梅子还装作一副不高兴的样子爱搭不理的。男友说："怎么了？我出差几天，出什么事了？"梅子心中这才释然，接着又问："那你咋不给我打电话？"

男友说："还说我呢？我给你打电话，你不等我说完就挂了。同事有急事，领导临时派我去的，出差的地方是山区，信号特别不好。我特意在今天赶回来给你过生日。"梅子这才笑了。

梅子这些天的纠结与痛苦，都是因为她自己太较真了。其实男友并没有她想象的那么不善解人意。女人，千万别较真，别跟自己过不去。否则，人生就是一场较不完的劲，那么我们的心情不会快乐，生活也不会顺畅。

生活中，我们也许会跟自己的上司或者对手暗暗较劲，谁也不想低头，谁也不想善罢甘休。事实上，喜欢较劲的人，到了最后，都是在跟自己较劲。

所以，女人别处处跟自己过不去，永远保持对生活的美好认识和执着追求，学会享受生活，才能做到更加珍惜生活，积极创造生活，这样生活才会有奇迹出现。

腾空心灵，缓解生活的压力

女人在有了一些经历之后，那颗纯洁的心灵多少都会沾染上尘埃，使原本洁净的心灵受到污染和蒙蔽。或许是曾经受过的伤害，或许是不堪回首的心理阴影，或许是某个心理陋习，或许是对金钱物质的贪婪，使女人变得麻木功利。这些都可能是存在女人内心的"垃圾"，长期下去会加重心的负荷。

这些心灵垃圾我们需要好好地扫除，因为真正的平静来自于内心的宁静。内心的平静是智慧的珍宝，它和智慧一样珍贵，比黄金更令人垂涎。女人拥有一颗宁静之心，比那些汲汲营营于赚钱谋生的人更能够体验生命的真谛。

清扫心灵垃圾不像日常生活中扫地那样简单，它充满着心灵的挣扎与奋斗。因为这些真正的垃圾常被人们忽视，甚至是由于担心和阻碍不愿主动清理。有时明知道要清理，我们又不知道怎样去做才好，想去好好理清整理，却又无从下手，好像越理越乱，甚至心会更痛，最终都是选择逃避麻木的多，整天麻木疲倦地过生活。

的确，我们总是处于人群之中，在喧闹的人群中听不见自己的脚步声。我们总是被家人、朋友围绕着，耳边充斥着噪声、喧哗，忍受着繁忙工作、家庭琐事的无穷折磨。我们每天的神经都绷得紧紧的，得不到一丝喘息的机会。

生活中，女人总是忙于工作家庭而无暇自顾，在这种时候，我们应该找一个时间让自己静一静，清除掉心灵的"垃圾"，把宁静从自己的心中重新找回来。

安娜是国外某航空公司的一名经理。面对繁重和紧张的工作压力，她觉得自己的内心正变得越来越浮躁，开始只是回到家里对丈夫喋喋不休地抱怨工作和生活，后来对同事和客户也变得不再耐心。她觉得自己必须想个办法阻止这种坏情绪。

一次偶然的邂逅让她学会了一种"坐在阳光下"的艺术，这让她第一次能够在忙碌的生活中找回宁静的心境。

那是一个春天的早晨，安娜正匆匆忙忙走在加州一家旅馆的长廊上，手上满抱着刚从公司总部转来的信件。虽然她是来加州度寒假的，但是仍无法逃脱工作所带来的困扰，一大早就得处理公司邮件。当她快步走到旅馆的大厅，准备花两小时来处理信件时，一位久违的朋友坐在摇椅上，帽子盖住他部分眼睛，忽然叫住了她，用他缓慢而愉悦的声音说道："你要赶到哪儿去啊，安娜？在今天这样如此明媚的阳光下，你这样匆忙赶来赶去不觉得是浪费了这美好的时光吗？过来这里，好好'嵌'在摇椅里，和我一起练习一项最伟大的艺术。"

"和你一起练习一项最伟大的艺术？"安娜听得一头雾水，好奇地反问。

"对，"他答道，"没错，而且是一项逐渐没落的艺术。现在已经很少人知道怎么做了。"

安娜还是表示怀疑，问道："请你告诉我那是什么。我没有看到你在练习什么艺术啊！"

"我正在练习'只是坐在阳光下'的艺术。"他说道。

看到安娜不信任的目光，他解释说："你看，坐在这里，让阳光洒在你的脸上。感觉很温暖，闻起来很舒服。你会觉得内心很平静。你曾经想过太阳吗？"

面对他的问题，安娜只是摇了摇头。

接着，他又说："太阳每天都是东升西落，总是那么淡定自若。只是一直洒下阳光，而太阳在一刹那间所做的工作比你加上我一辈子所做的事还要多。它使花儿开，使大树长，使地球暖，使果蔬旺，使五谷熟；它还蒸发了水，然后再让它回到地球上来，它还使你觉得有'平静感'。"

"所以请你把那些信件都丢到角落去，"他说道，"跟我一起坐到这里来。"

安娜照做了。她发现当自己坐在阳光下，让太阳在身上时，它洒在身上的光线给了她能量。这是她花时间坐在阳光下的赏赐。

当她后来回到房间去处理那些信件时，她几乎一下子就完成了工作。这使得她还留有大部分的时间来做度假的活动，也可以常"坐在阳光下"放松自己。

的确，太阳从来不会匆匆忙忙，不会太兴奋，它只是缓慢地善尽职守，也不会发出嘈杂声——不按任何钮，不接任何电话，不摇任何铃。但是却能给人无限的能量，这无疑是缓解压力、清除心灵垃圾的一个方式。

　　人生在世，总会遇到很多悲伤与痛苦，如果不能掌控自己的情绪，就会成为情绪的奴隶。斯摩尔曾经说过："做情绪的主人，驾驭和把握自己的方向。"心里不是堆积"垃圾"的地方，必须及时清空自己的坏情绪。情绪的控制完全在于自己，完全把握自己的情绪，积极主动，使得自己的情绪不会被别人所左右。很多乐观的人都善于控制自己的情绪，让自己活在快乐之中。

　　如今，越来越多的人开始学习追求内心的平静。淡定的女人当工作疲倦，面对生活感到压力重重时，她们会调整自己的情绪，比如，可以试着多观察一下我们喜欢的植物、动物，思考一下自己感兴趣的问题或者只是站在窗口忘记所有的工作，放下所有的压力和束缚，看看蓝天白云，让思维从纷繁中跳出来。